少年读科学

图说天文学

海上云 著
时光胶囊 绘

Astronomy

时代出版传媒 安徽新华电子音像出版社
（合肥）

图书在版编目（C I P）数据

图说天文学 / 海上云著. -- 合肥 : 安徽新华电子音像出版社，2024.4
（少年读科学）
ISBN 978-7-83016-183-5

Ⅰ. ①图… Ⅱ. ①海… Ⅲ. ①天文学 - 少年读物
Ⅳ. ① P1-49

中国国家版本馆 CIP 数据核字（2024）第 053441 号

图说天文学
TUSHUO TIANWENXUE
海上云 著
时光胶囊 绘

出 版 人：张　丽
责任编辑：李一勤
责任校对：何　薇
责任设计：郝　千
特约编审：吴　凯
装帧设计：武　迪

出版发行：安徽新华电子音像出版社
合肥市砀山路 10 号新华发行集团物流园 邮政编码：230041
市场部电话：0551-65606765
网　　址：http://www.ahxhyx.com
经　　销：安徽新华传媒股份有限公司
印　　刷：天津创先河普业印刷有限公司
开　　本：675mm×925mm　1/16
印　　张：12.5
字　　数：210 千字
版　　次：2024 年 4 月第 1 版
印　　次：2024 年 4 月第 1 次印刷
书　　号：978-7-83016-183-5
定　　价：46.00 元

序

星空，繁星点点。它们离我们多远？它们是什么样的世界？我们能不能去那里看看？

星空，永远是激发人们无限好奇和遐想的地方。

带着好奇去仰望星空，你会感觉宇宙是那么近，又是那么远，是那么清晰，又是那么迷幻。那里有天文学家一生的热情和凝望。那些闪亮的光，那些看不透的空间，仿佛在轻轻召唤每一双好奇的眼睛，每一个渴望的心灵。

让我们一起在书中游览星海，去宇宙的各处参观：夕阳东下的金星，四季奇特、“躺着跳街舞”的天王星，彗星的故乡奥尔特云，太阳系的邻居比邻星，正在撞向我们的仙女座星系……有了几千年天文学知识的积累，你是否有这样的底气和眼界，在火星上建另一个家园，把奥尔特云当后花园，与比邻星作邻居，视河外星系为下一个航站？

饮料零食已经摆上，欢迎来星空坐坐。

目录

01 日月篇

02 岩星篇

03 气星篇

04 带云篇

05　太阳系

06　恒星篇

07　星系篇

08　宇宙篇

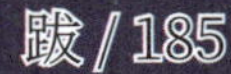

01

日月篇

1 转呀转呀转的太阳

在画家梵高的作品《星月夜》中，太阳和星星都是旋转的，充满了动感和生命力。实际上，宇宙中的星体确实是旋转的。我们眼里似乎静止不动的太阳，也是旋转的。太阳自转周期随纬度升高而增大，赤道区域自转周期约 25 天，两极区域约 36 天。

梵高《星月夜》

◎太阳为什么会自转

这要从太阳形成之初说起。太阳和其他所有恒星一样，在诞生之前是星云和尘埃。

大约 46 亿年前，星云和尘埃聚集在一起成为“小群体”。宇宙中超大质量的恒星死亡时会发生爆炸，而附近星系也会产生引力。这些影响都会使“小群体”发生旋转，具有了初始的角动量，像一个飞舞的盘子。我们称其为星云盘。

注：本书中的“天”均指一个地球日。

因为引力，周围越来越多的星尘被吸引过来，重力使星云盘收缩，最后塌陷。

遵循着角动量守恒定律，收缩塌陷的星云盘飞速旋转，而且越转越快。星云盘内部相互挤压，产生了越来越多的热量。核心区域的温度逐渐达到15000000℃，内核开始产生核聚变反应，“嘭——”，原始的太阳就这样诞生了。

这个原始太阳转动的角动量，也是太阳系中各个行星初始转动的来源。

“聚集—旋转—塌陷—加速—聚变”这就是恒星系诞生的过程。

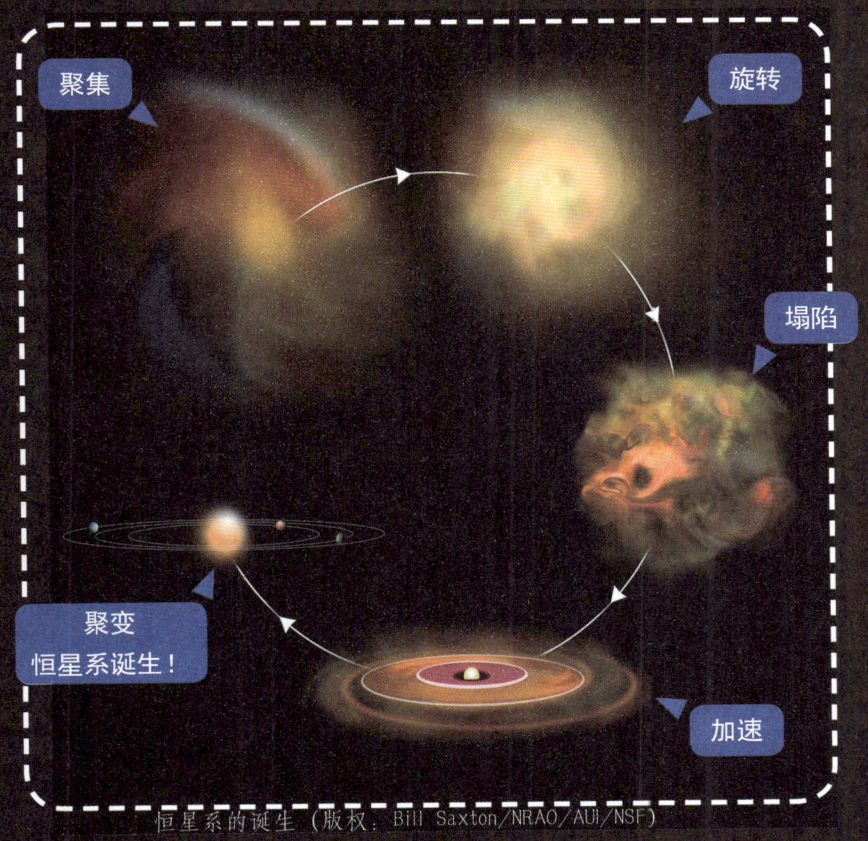

恒星系的诞生（版权：Bill Saxton/NRAO/AUI/NSF）

角动量是什么？

角动量是描述旋转的物理量。角动量守恒定律是自然界普遍存在的基本定律之一，在所受合外力矩为0的情况下，物体的角动量是保持守恒的。比如花样滑冰选手抱紧手臂可以旋转得更快。

◎旋转的奥秘

因为太阳内部是等离子气体，而不是固体，所以它不同部位的旋转速度是不一样的。在太阳的赤道附近约 25 天转一圈，在南北极约 36 天转一圈。好比一个玩呼啦圈的高手，腰上一个呼啦圈，膝盖、胸部、脖子处也有呼啦圈，它们旋转的速度不一样。

科学家发现，恒星自转速度的快慢与其年龄有关：转速和年龄的平方根的倒数成正比。也就是说，越年轻的恒星转得越快，越年老的恒星转得越慢。等到恒星转不动了，也就“寿终正寝”了。而我们的太阳，正处于它的中年时期。

太阳的较差自转（又名差动自转）示意图（版权：NASA）

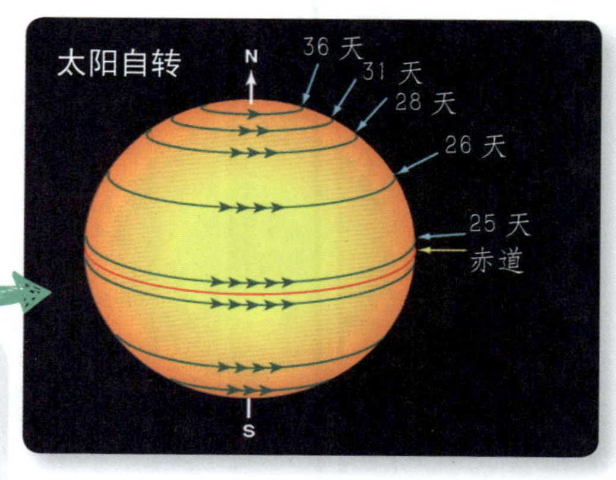

不同部位的转动角速度不同。

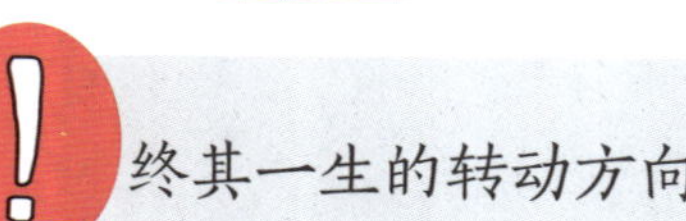

终其一生的转动方向

这个转动的方向，在恒星诞生之初是随机的。但是，一旦开始转动了，就会保持这个方向不变，终其一生。

呼啦圈比赛

呼啦圈比赛
脖子扭扭，屁股扭扭，让我们一起来做运动！
我是个灵活的胖子，一秒钟可以转2圈！
1
2
老了，腰不灵活了，圈也转不动，2秒钟才能转1圈。

2 一张不完美的脸

太阳在自转，这是怎么被发现的呢？

太阳有一张不完美的脸，上面长着“黑痣”——太阳黑子。科学家就是从这点蛛丝马迹中发现太阳自转的事实的。

◎发现太阳黑子

世界上公认的关于太阳黑子的最早记载，是西汉河平元年（公元前 28 年）三月所见的太阳黑子现象，载于《汉书 · 五行志》：“河平元年……三月乙未，日出黄，有黑气大如钱，居日中央。”

你知道吗？

《汉书》是中国第一部纪传体断代史、“二十四史”之一。

伽利略在 1612 年 6 月观察并记录了太阳黑子及其位置变化。

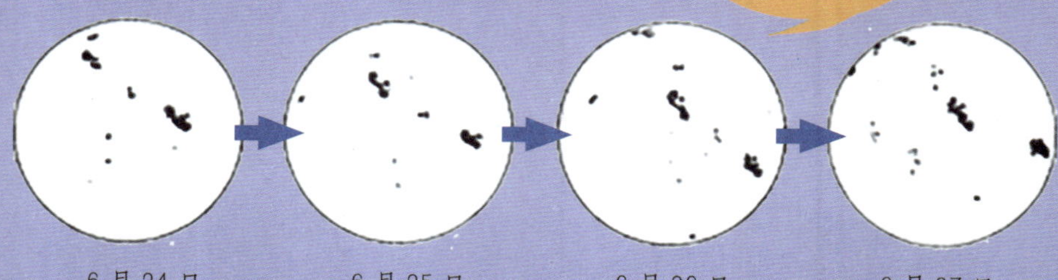

后来，科学家发现了太阳黑子的活动有一定的规律，每 11~12 年为一个周期，从“光滑圆润”到“痣在四方”，再回到“光滑圆润”。

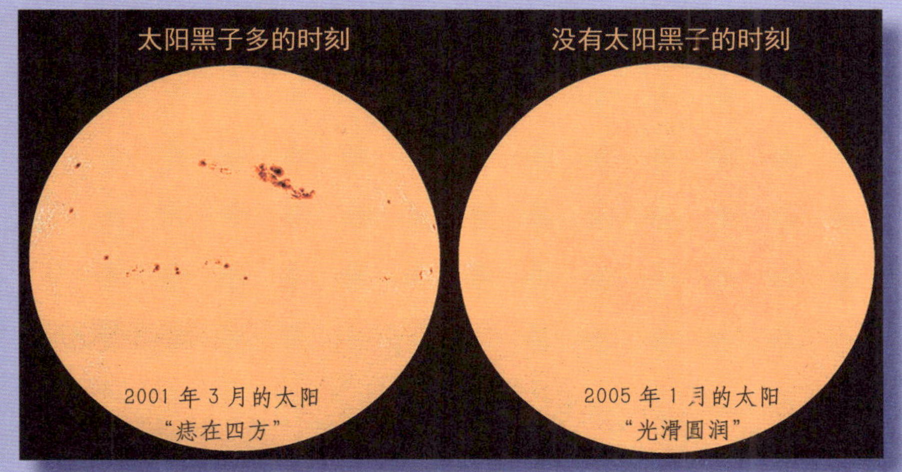

（版权：NASA）

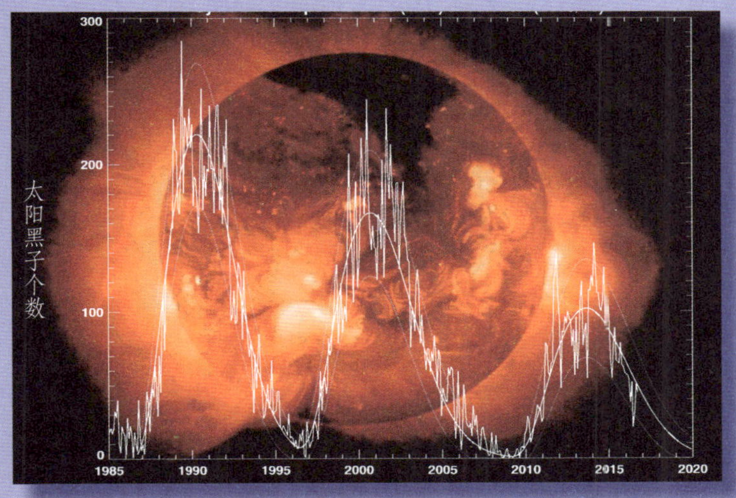

太阳黑子的周期，每 11~12 年为一个周期。
（版权：Hathaway NASA/ARC）

◎为什么会出现黑子？

太阳内部不停进行着核聚变，越靠近核心温度越高。温度高的等离子气体会通过对流，上涌到太阳的表面。热量就这样从太阳内部传到了表面。

受太阳磁场的影响，有些对流气体被阻挡住了，涌不到表面。因此，有些地方的温度要相对低一些，看上去比周围暗一点，于是形成了黑子。太阳磁场导致对流气体不通畅，被堵住形成“气梗”，发作起来就表现为太阳黑子。

这和中医理论中的“通则不痛，痛则不通”类似，太阳是“黑则不通，通则不黑”。

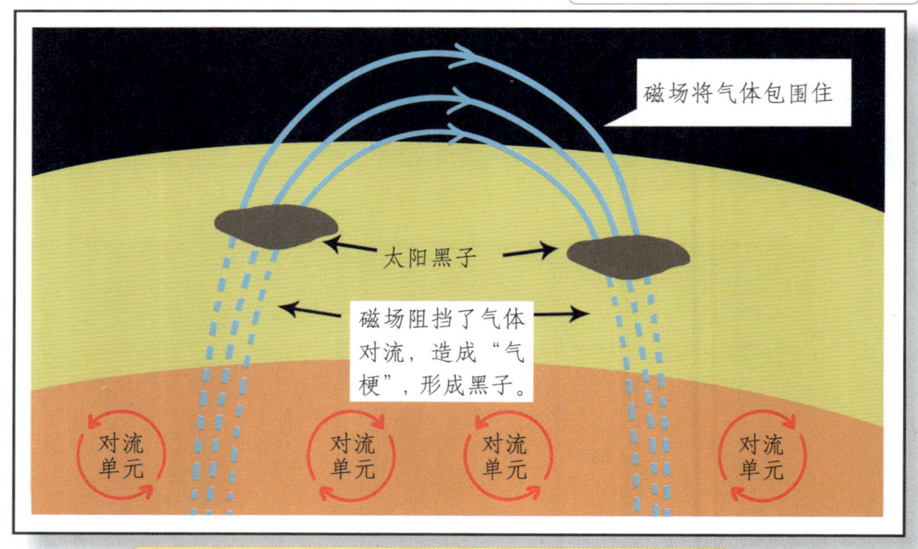

黑子：只是因为磁场阻挡了对流，温度低了那么一点点。

科学家还发现，太阳黑子的活跃程度，会对地球的磁场产生影响，并干扰无线电通信、卫星和飞船的信号等。而太阳黑子对人类的生理和心理健康的影响，则是一个有争议的话题。

核聚变是什么？

核聚变是指一些轻的原子在高温高压下，原子核之间发生合并，形成重的原子，并释放大量能量。比如氢原子可以聚变成氦原子，氦原子再聚变成碳原子。宇宙中很多重的原子都是这样产生的。

我这次考试没有考好，一定是太阳黑子惹的祸！

你说我要不要相信你呢？

月亮从哪里来

在地球出现生命之前，月亮就已经挂在空中了。月亮是我们的通俗叫法，天文学中称其为“月球”。月球是怎么来的呢？

天文学家长期以来对这个问题争论不休，主要有三种假设。

◎第一种假设：甩

提出进化论的著名科学家达尔文的儿子乔治 · 达尔文，在 1898 年出版的《海洋潮汐和月球重力扰动》中指出，月球最初很可能和地球是一体的。当原始的地球还在熔融状态时，因为离心力的作用，月球被“甩”了出去。地球的太平洋凹下去这么大一块，就是因为“分娩”出了月亮。不过，大部分科学家认为，要“甩”出这么大的天体，地球的转速远远不够快。

离心力

离心力是一种惯性力，使旋转的物体“试图”脱离它的旋转中心。

◎第二种假设：抢

月球本来是一个外来的天体，但在经过地球时因为靠得太近，被地球的引力捕获了，所以月球是被“抢”来的。然而，要在合适的时间、合适的地点、合适的角度，“抢”下一个天体，并让它慢下来，绕着自己旋转，这个难度相当大。

月亮开始绕着地球转了。

◎第三种假设：撞

部分科学家猜测，地球形成后不久，在原始地球轨道附近还存在着一颗行星，名叫忒伊亚。它的个头和现在的火星差不多大。它一开始也是绕着太阳旋转的。后来，忒伊亚距离原始地球越来越近，结果一头撞上了。这一撞天崩地裂，撞击产生的大量碎片（来自地球和忒伊亚）飘散到空中，类似于土星环一样。后来，在引力的作用下，这些碎片逐渐聚集，形成了月球。

这一撞撞出了地球自转的倾斜角。

同位素研究的证据

人类登上月球后，带回了月球上的岩石，发现其中氧的同位素比例和地球上的完全一致，而且，地球和月亮的岩石年龄非常接近。这些证据说明，月球和地球原来很有可能是一体的，只是后来分开了而已。

4 你问我爱你有多深

月球绕着地球公转，而它本身也在自转。巧合的是，月球自转一周的时间，和它绕地球公转一周的时间一样长，都是 28 天。

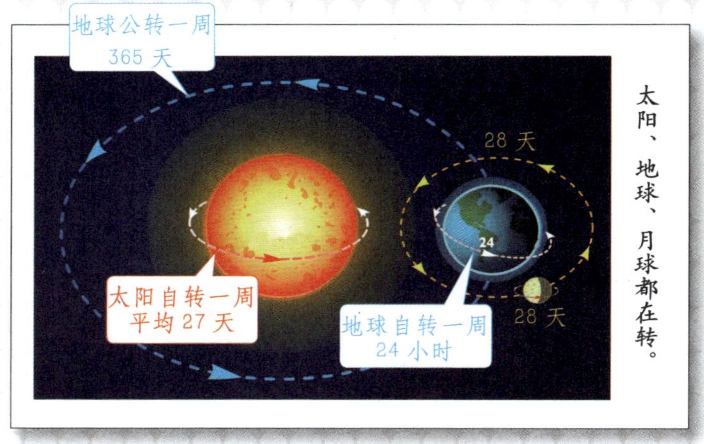

太阳、地球、月球都在转。

◎月亮代表我的心

月球的自转和公转周期一样长，就产生了一个神奇的结果：月球总是用同一面对着地球，这算不算天文学上的一种“深情”？你问我爱你有多深，月亮代表我的心。

为什么总是同一面？

月球总是用同一面对着地球的现象叫作潮汐锁定，它在天文学上并不罕见。某一颗星体绕着主星转动，总是用同一面“深情凝望”，从不“扭头”看其他方向，而一旦它有“扭头”倾向，主星的引力就会马上把它“扯”回来。

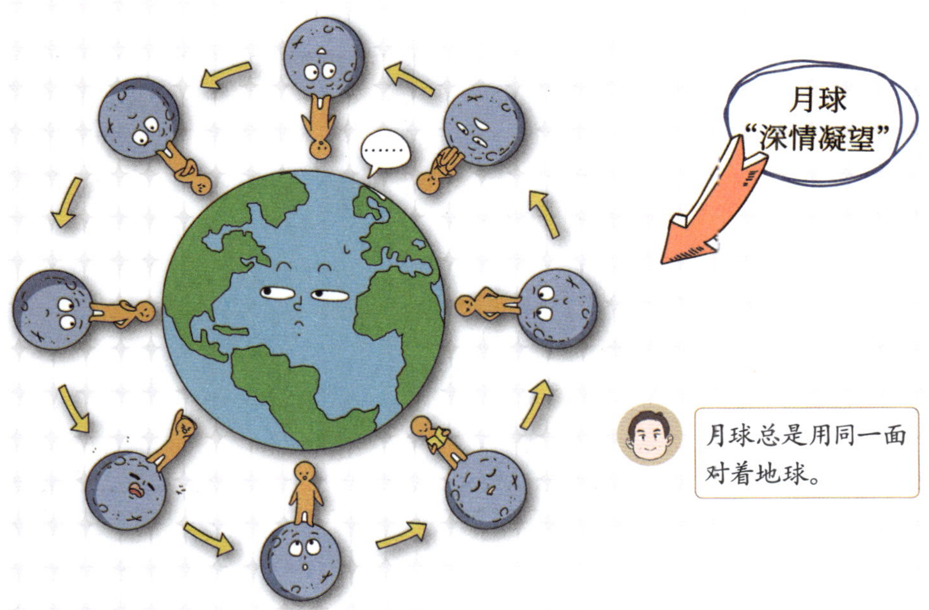

人类在发射了航天器之后，飞到月球的背面，才得以看到月球的全部面目。月球上的陨石坑，是它替地球挨的“流星拳”。

让你看清月亮的脸。

引力很好用！

引力果然很好用！

我吸我吸！这样你就永远面对我了！哇哈哈！

◎转动速度的变化

地球和月球之间相互“拉扯”了上亿年。在 35 亿年前，地球上的一天只有约 12 小时，9 亿年前的一天约 19 小时。潮汐锁定使得地球的自转变慢，就好像给地球踩了刹车一样。与此同时，月亮距离地球也越来越远。不仅如此，月亮绕着地球转得也越来越慢。

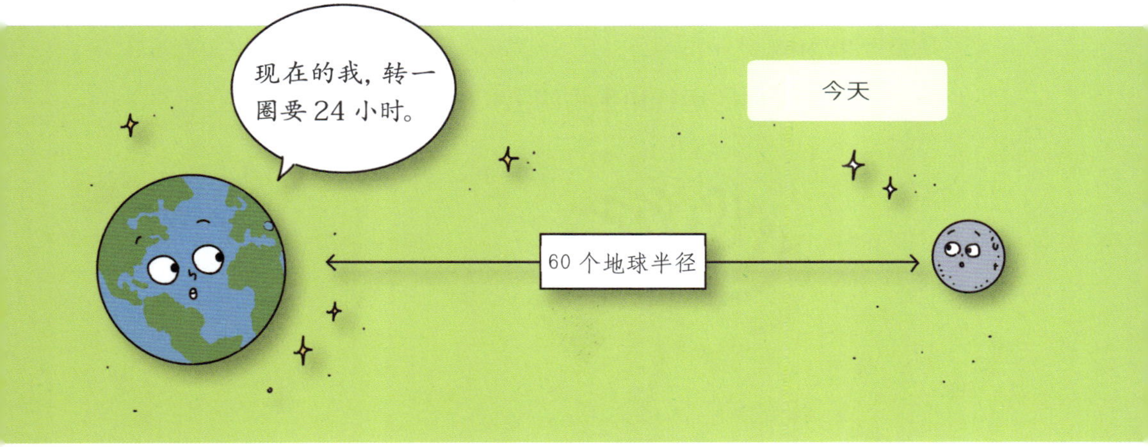

现在的我，转一圈要 24 小时。

今天

60 个地球半径

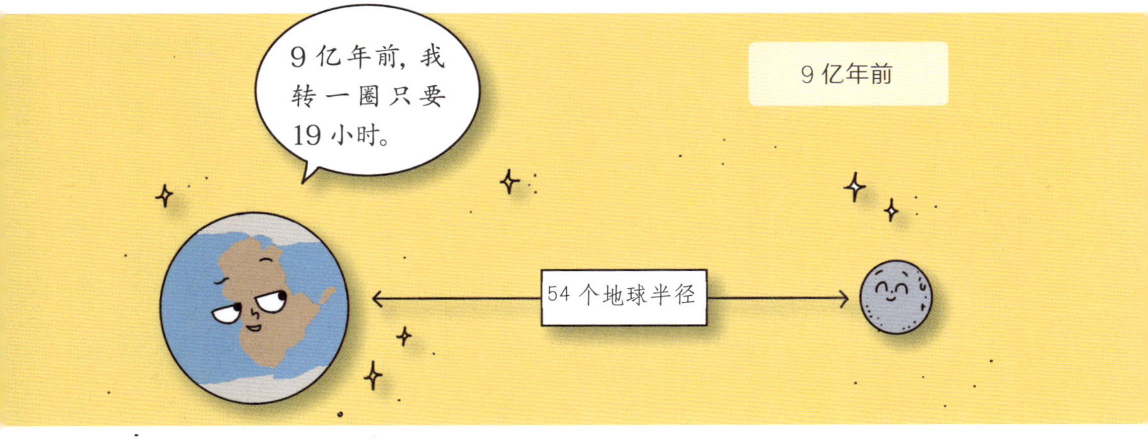

9 亿年前，我转一圈只要 19 小时。

9 亿年前

54 个地球半径

从前快，从前近：地球上的日子曾经过得很快，月亮曾经离我们很近。

科学家从鹦鹉螺的壳中找到地月转速变化的证据。

鹦鹉螺有许多气室，每个气室中长有相同数量的“生长纹”。很神奇的是，它每天会生长出一条“生长纹”，而每过一个月会长出一个气室。科学家通过化石考古发现，现在的鹦鹉螺每个气室约有 30 条生长纹，白垩纪时期约有 22 条生长纹，石炭纪时期约有 15 条生长纹。也就是说，白垩纪的一个月约 22 天，石炭纪的一个月约 15 天。这是它特有的生物钟。

天体的运行和生物的生长就这样奇妙地关联起来了。

鹦鹉螺侧面外观图　　鹦鹉螺侧面剖面图

什么是生物钟？

生物钟是一种形象化的说法，描述生物生命活动的内在节律性。生物通过感受外界环境的周期性变化，调节本身生理活动，形成周期性的规律。比如你到了晚上就想睡觉，到国外旅游的人有时差，这些都是生物钟在起作用。

每个月都能换新房间，真不错！

小小螺纹藏着天地的秘密。

◎恒星与行星之间的锁定

潮汐锁定也可能发生在恒星和行星之间。如果行星离恒星太近，就有可能被潮汐锁定，这将是一件悲催的事。永远笼罩在黑暗中固然可悲，但永远曝光在阳光底下，也是非常难受的。

2017 年，天文学家发现了一颗叫作 TRAPPIST-1 的恒星。它位于宝瓶座，重量只有太阳的 9%，却有“七个葫芦娃”——7 颗和地球差不多大的行星，距离恒星非常近，都在比水星更近的轨道内，其中有几颗很可能是被潮汐锁定的。

请留意放大 25 倍旁的虚线，代表了整个 TRAPPIST-1 恒星系统是非常小的，可以全部放到太阳至水星之间的空间。

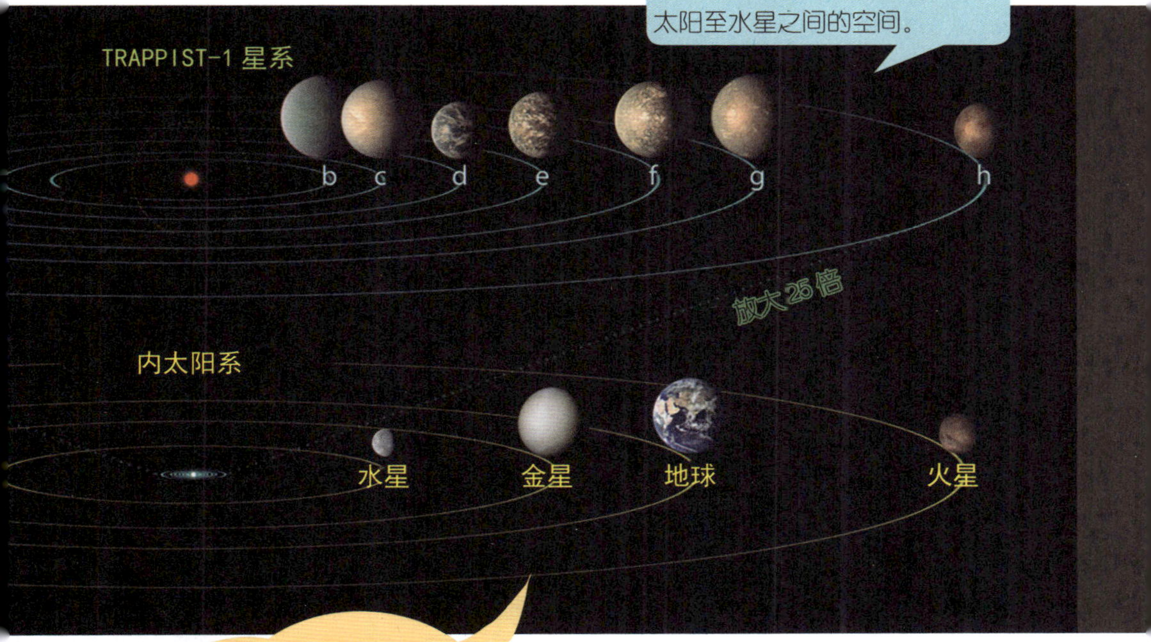

请注意：艺术家把 TRAPPIST-1 恒星系统放大了 25 倍，并为了突出行星而把恒星画得很小。

TRAPPIST-1 的恒星系统（艺术图）
（版权：NASA/JPL—Caltech）

◎月球上的一天一年

月球上的一天，太阳从“月平线”升起，落下，又升起，需要将近28个地球日——真是漫长的一天！

月球上的一年，从一个位置绕着太阳转一圈回到原位置，一共12次日出日落！如果你身在月球上，你会发现一个“月球年”只有12次“月球日”。

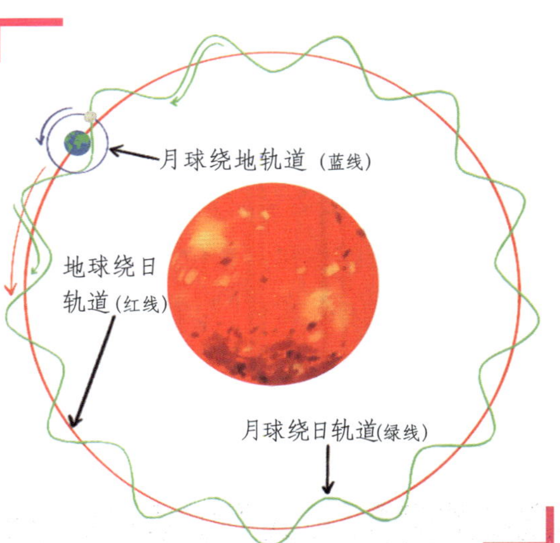

在月球上班，驻守广寒宫，日薪一定要很高才行。

嫦娥姐姐的日子过得与众不同：看过12个日出，一年过去了。

篇尾语

从地球上观察天空，太阳和月球是最大最亮的两个天体。

太阳，是地球生命的主要能量来源。苏联物理学家尼科莱·卡尔达肖夫提出了宇宙中的三级文明分类。

第一级文明

第一级文明能够利用所在行星的所有能源。对于地球来说，这个值大约为 10^{16} 瓦特。然而，目前我们只能利用 4×10^{12} 瓦特的能源。按照卡尔达肖夫的标准，我们的文明实在太弱了。

第二级文明

第二级文明能够利用所在恒星系的所有能量。比如建造一个巨大的球罩——戴森球，将太阳包围起来，截获太阳的大部分辐射能量，达到 10^{26} 瓦特。有一些科学家就试图通过搜索太空中的戴森球迹象来寻找第二级文明。

第三级文明

第三级文明是所有文明中最先进的，可以利用整个星系的能量（达到 10^{36} 瓦特），譬如我们所在的银河系。

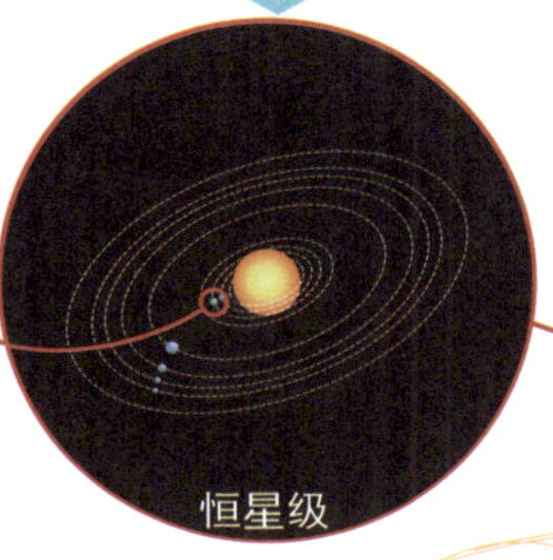

卡尔达肖夫的三级文明，按能量掌控分级。
（版权：Creative Commons license）

瓦特是功率单位。100 瓦特的灯泡用 10小时，就是1度电。

关于戴森球的想象图

天文学家发现，月球以每年 3.8 厘米的速度远离地球。所以，亿万年以后，或许月球会挣脱地球引力，离地球而去。如果月球完全消失，地球将会是怎样一幅景象呢？我们来看看不同领域的专家给出的猜测吧！

生物学家	如果没有月亮，很多被月亮挡住的小行星将撞击地球，人类会像恐龙一样灭绝。
天文学家	如果没有月亮，一天不到 24 小时。
历史学家	如果没有月亮，日历上将只有年、日，没有“月”。
文学家	如果没有月亮，唐诗宋词中那些美好的句子都将成为传说。

日月之明悟

先安排一枚太阳，让万物生长。
高山，长河，巨树，小草，富贵，贫贱，
都有平等的温暖，
没有万古遮蔽的阴霾。

再安排一枚月亮，看护长夜漫漫。
每人一份阴晴圆缺，不完美的悲欢，
但只要心头守住一寸月光，
就守住了千里之外纯澈的念想。

最后，在日月之间安排人间，
每一个生命都是骄子，
肉体来自星尘，灵魂来自星辰，
自由行走的力量，
如日月不可阻挡。

 师生一刻    

世界失去月亮，人类将会怎样？

打工人都开心，因为工资日结，不再月结。

02 岩星篇

水星小飞侠

水星在中国古代叫辰星，是太阳系里距离太阳最近的行星。

5810 万千米

4879.4 千米

0 个

（公）88 天

（自）1408 小时

图标的含义

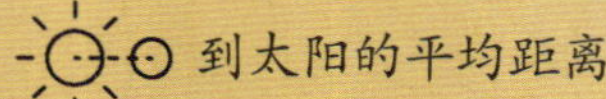

行星直径

卫星个数

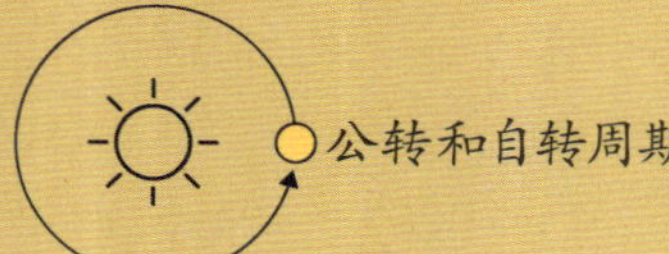

古人怎么看天体？

在古人看来，天上闪亮的天体有两类：一类好像固定在天幕上，相互之间的位置恒定不变，组成各种星座图案，比如北斗七星、天琴座等；还有一类是漫游者，穿过各个星座，与其他天体的相对位置不断变化。他们把前一类称为恒星，后一类称为行星。古人概念中的行星，不仅包含当时已知的水星、金星、火星、木星和土星，还包含太阳和月亮。

◎水星的命名

水星的天文符号是这位飞毛腿的蛇手杖。

水星在西方的名字叫墨丘利，在罗马神话中为众神传信的使者，说白了就是负责给大神们送情报的快递员。如果你在西方的油画或雕塑中，见到一位脚上长翅膀的小哥，手里拿着两条蛇缠绕着的手杖，那就是他了。水星距离太阳最近，开普勒的行星运动第三定律（见第026页）指出，离太阳最近的天体转得最快，因此以墨丘利命名水星很合情合理。

他在罗马神话中不仅是商业和旅行之神，还被称为“偷窃之神”。

这简直是躺着中枪，跑得快也是错吗？

◎水星之最

水星是一颗最“偏心”的行星。说它最偏心，是因为它的椭圆轨道最扁，在八大行星中轨道偏心率最大。它的近日点距太阳只有 4600 万千米，但远日点却有 7000 万千米。

在“太阳系八兄弟”中，水星中铁的含量占比高达 70%，是八大行星中最高的。据估计，水星上可能有 2 万亿亿（2×10^{20}）吨铁。如果全世界的钢的年产量按20亿吨来计算，水星上的铁可供人类开采1000亿年。

为什么水星的含铁量这么高？

关于这个“铁坨坨”的形成，科学家原先的推测是，在很早以前水星可能遭受到一颗直径数百千米的未名星体撞击，被敲掉了大量原始的地壳和地幔，留下铁的核心。在这一次撞击中，未名星体充当了“打铁匠”的角色。而 2021 年的一项研究表明，太阳磁场是导致水星铁含量更高的主要原因：在太阳系形成早期，铁元素被太阳磁场吸引和约束在邻近太阳的区域，当尘埃形成行星胚胎的时候，离太阳更近的行星获得了更多的铁元素。近水楼台先得月，近日行星先得铁。

◎观察水星

在古人发明望远镜之前，水星、金星、火星、木星和土星是肉眼可见的 5 颗行星。而自古以来用肉眼最难观测到的是水星，因为它距离太阳太近了。据传说，大天文学家哥白尼临终前曾遗憾长叹，他一生没有亲眼见过水星。

观察水星的最佳时间是在日出之前 50 分钟或日落后 50 分钟。朝太阳的方向看，切记不要直接看太阳。如果你能找到水星，那你比哥白尼他老人家幸运。

行星运动第三定律是什么？

这是开普勒从大量天文观测数据中发现的规律。

他发现，火星与太阳之间的距离是地日距离的 1.524 倍，而火星绕日一圈的时间长度是地球一年的 1.881 倍。这两个数字之间有什么关系呢？他居然得出：$1.524 \times 1.524 \times 1.524 \approx 1.881 \times 1.881$。

他分析其他行星数据，都发现了同样的规律：1）等式左边的数字是行星与太阳的距离与地日距离的比值，等式右边的数字是行星公转周期（地球年）。2）行星到恒星距离的立方与公转周期的平方成正比。3）离恒星越远的行星，公转周期越长。

这就是开普勒在 1618 年发现的行星运动第三定律，实际上隐含了牛顿在 1687 年发现的万有引力定律。

给环形山命名

水星表面就像月球一样布满环形山。水星上的环形山都是以文学家、艺术家的名字来命名的。在已命名的 300 多个环形山的名称中，有 21 个中华民族历史名人的名字。看看你知道几个：伯牙、蔡琰、李白、白居易、董源、李清照、韩干、姜夔、梁楷、关汉卿、马致远、赵孟頫、萧照、王蒙、朱耷、曹雪芹、齐白石、鲁迅、文天祥、仇英、杜甫。

在天文书上考文史知识，真的合适吗？

当然合适啊，李白有“北斗七星高”，李清照有“天接云涛连晓雾，星河欲转千帆舞”。为天文和文学的完美融合点赞。

夕阳东下的金星

金星在中国古代被称为太白金星，意思是说这颗星十分亮。它在早晨被称为启明星，在傍晚被称为长庚星。在脍炙人口的古典名著《西游记》中，太白金星就是那个多次和孙悟空打交道的老神仙。

1.08 亿千米

12104 千米

0个

（公）225 天

（自）5832 小时

◎金星的命名

金星在西方叫维纳斯，是罗马神话中爱与美的女神。天空中的金星是所有星星中最亮的一颗，美得闪耀夺目，所以用最美女神维纳斯来命名。

◎金星之最

金星的自转周期是243个地球日，是八大行星中自转速度最慢的。

在八大行星中，金星的轨道最接近圆形，偏心率最小，仅为0.7%，是最不“偏心”的行星。

金星自转的方向与太阳系内大多数的行星是相反的。在金星上看，太阳是西升东落。所以，在金星上，太阳从西边出来是很正常的事，从东边出来才是不可能的事！金星上的诗人应该是这样写的：“夕阳东下，断肠人在天涯。”

断肠人在天涯

出自元代马致远的《天净沙 · 秋思》：“枯藤老树昏鸦，小桥流水人家，古道西风瘦马。夕阳西下，断肠人在天涯。”这表达了漂泊天涯的旅人极度忧伤的心情。

◎相反的自转方向

金星这种反常的自转方向，科学家猜想是在很早以前，金星被一颗未名星体撞击，一个趔趄，然后像陀螺一样被撞得反向转了起来！这是未名星体的再次出镜，这一次它充当了“反抽陀螺”的角色。

也有科学家认为，金星的这种旋转有可能是太阳对金星稠密的大气产生的强大潮汐力，加上金星地幔、地核间的摩擦力共同作用所致，和未名星体无关。这是太阳和金星之间的事儿，和“外人”无关。

用望远镜可以看到，金星也像月球一样会出现周期性的圆缺变化。这是由于金星、地球和太阳的相对位置在不断变化，从地球上看到的金星被太阳照亮的部分有时多些、有时少些，即位相变化。

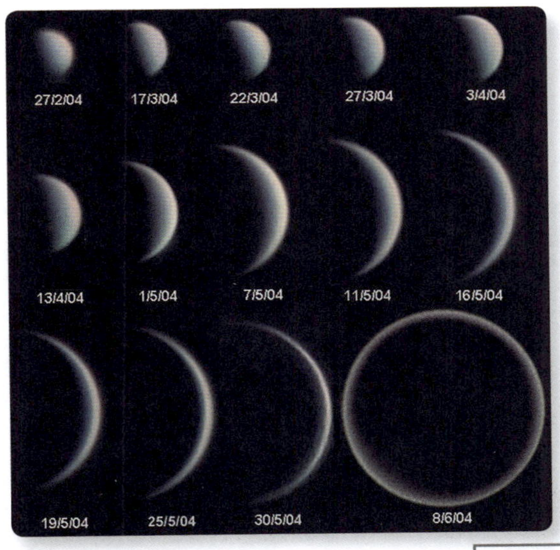

未名星体之前出现在哪里，请在书中找一找。

从地球上拍摄的金星的位相变化照片（日期：日／月／年）（版权：作者 Statis Kalyvas — VT—2004 programme）

谁发现了金星位相变化？

17 世纪初，伽利略发现了金星的位相变化：金星和地球绕日运行，金星在内圈，从而为哥白尼的日心体系提供了一个强有力的证据。

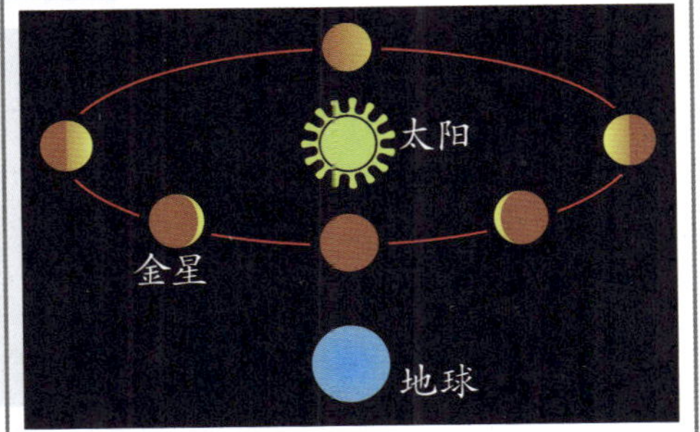

◎金星与地球

金星被称为地球的“姐妹星”，半径约 6052 千米，只比地球半径小 300 千米，质量为地球的 4/5。但是，它们的命运截然不同。

金星大气密度是地球的 90 倍，温室效应使得金星表面温度高达 462 摄氏度。

天文学家推测，金星和地球在形成之初可能是相似的。然而，在历史上的某一个转折点，金星发生了某种原因不明的变化，导致气温突然升高。

地球的最终命运也会变得和金星一样吗？

过去的金星（科学家的猜测）

现在的金星

我们的家园

欢迎来到我们的家园——地球。这颗蔚蓝色的星球是宇宙间的奇迹：这一颗岩质行星，它个头不大不小，正合适。

◎刚刚好

地球如果太小，就留不住气体，无法维持一个稳定的大气层；如果太大，引力会“惹祸上身”，吸引太多的小行星和彗星。

地球与恒星的距离不远不近，有合适的温度，处于宜居带。

如果离恒星太近，会造成潮汐锁定，并容易受恒星活动影响；如果离恒星太远，恒星质量必须很大才能“掌控”行星。但是，大恒星的寿命又短，可能没有足够的时间孕育生命。

AU 是什么？

天文学家将地球到太阳的平均距离 $1.49597870700\times10^{11}$ 米定义为一个天文单位（AU）。从此，人们可以用这个单位表示太阳系中行星的位置了。

如果波音 777 按每小时 905 千米的巡航速度飞行 1AU 的距离，它要飞行 18.8 年。

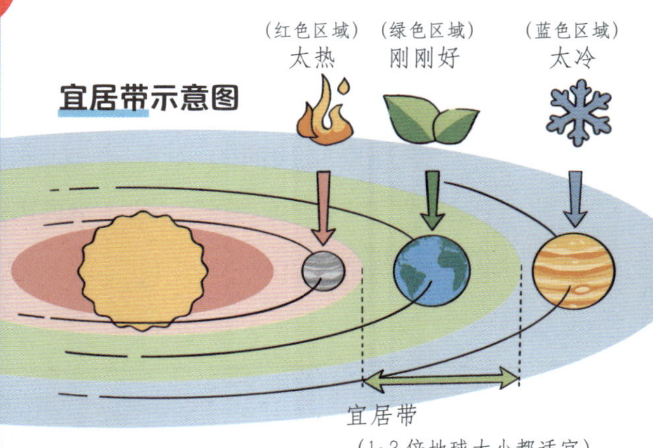

另一种刚刚好

金发姑娘（goldilocks）是美国童话中的人物，喜欢不冷不热的粥、不软不硬的椅子，总之是“刚刚好”的东西，所以美国文化中常用 goldilocks 来形容“刚刚好”。

天文学也用“刚刚好”来描述适合生命繁衍的星球，当然也包括我们的地球。

任何恒星，包括太阳，都是有寿命的。再过 40 多亿年，太阳会膨胀，变成红巨星，继而吞噬地球。到那时，太阳系的宜居带会迁移到现今木星和土星的位置。寻找另一个家园——这也是科学家们未雨绸缪，为几十亿年后的人类做准备。

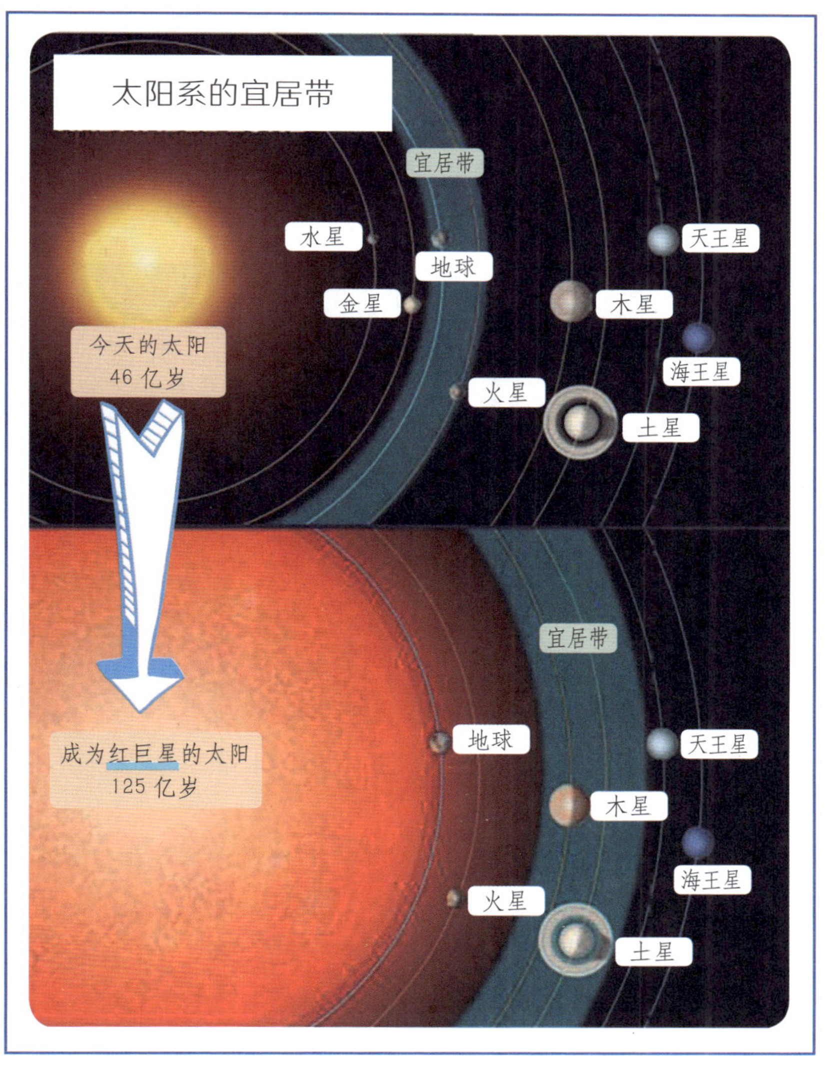

宜居带的变化（版权：Roen Kelly）

◎更多的"刚刚好"

当然，"刚刚好"不仅仅指地球所处的位置适宜，想要带着生命转动，地球还有两个得天独厚的优势，恰恰也是"刚刚好"。

1 刚刚好有一层保护"外套"

地球的磁场为自己穿上了一层防护外套，可以屏蔽从太阳吹来的太阳风——太阳上层大气射出的带电的粒子流。如果没有磁场保护，地球的大气层和水早就被太阳风和辐射吹拂到太空中，被"掠夺"得一干二净了。

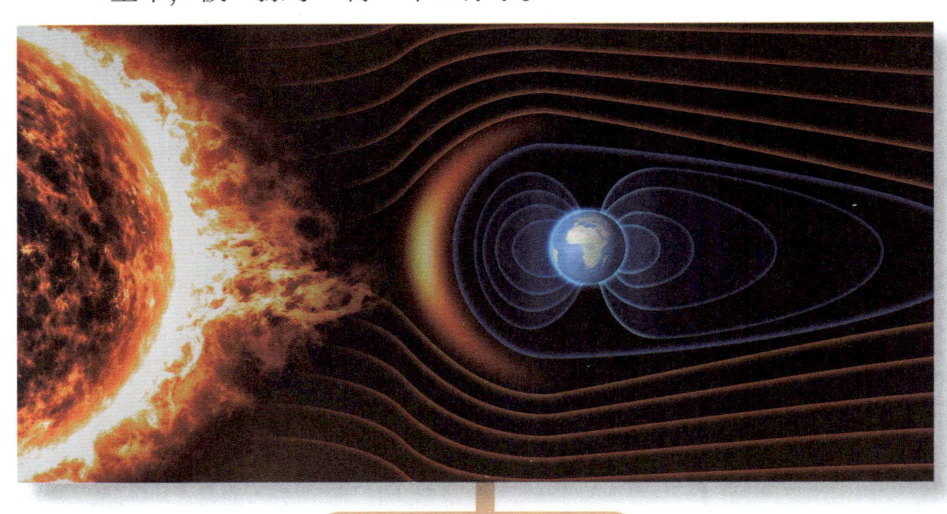

地球磁场和太阳风

2 刚刚好被撞歪了

形成月球的假说中，那一次撞击把地球转轴撞歪了，造成了一个倾角。而正是因为有了这个倾角，地球才有了春、夏、秋、冬的四季变化。我们应该感谢那一次撞击，撞得恰到好处。

感谢那一次的相遇，我的世界中才有了四季。

撞得恰到好处

呼！

？

哎呀！

哎哟，撞得恰到好处！

N

北回归线

赤道

南回归线

S

现在我有了春、夏、秋、冬。

4 第一后备之火星

火星，在中国古代被称为荧惑。这是因为火星呈红色，荧荧似火，亮度常有变化，而且在天空中运动，有时从西向东，有时又从东向西，令人迷惑。

火星

2.3 亿千米

6792 千米

2 个

（公）687 天

（自）25 小时

你知道吗？

古人认为它的逆行和亮度变化是上天给出的暗示，荧惑运行时遇到哪个星官，那个星官所代表的朝廷官员就要倒霉。古代有不少官员就是这么被坑了的。

◎火星的命名

火星在西方叫马尔斯，是罗马神话中的战争之神。战争中流淌的血，和火星的红色相似，因此西方使用战神马尔斯的名字来命名火星。

◎火星之最

中西方人们都认为，星体的运动轨迹应该是完美的圆形，而火星这样“倒行逆施”的运动是不正常的，所以都把它视为凶兆。火星的逆行现象直到哥白尼提出日心说，才给出了科学上的解释。

在正常的时候可以看到火星和所有的行星一样，自西向东运动。但是因为地球的轨道周期短于火星的轨道周期，因此会周期性地超越外侧的火星。当发生这种情况时，原本向东运行的火星在天空的视图上感觉好像先停下，然后后退向西运行，而当地球在轨道上超越火星之后，火星看起来又恢复了正常由西向东的运动。

这里颇有点像数学试卷上的追及问题。

喔，头大！

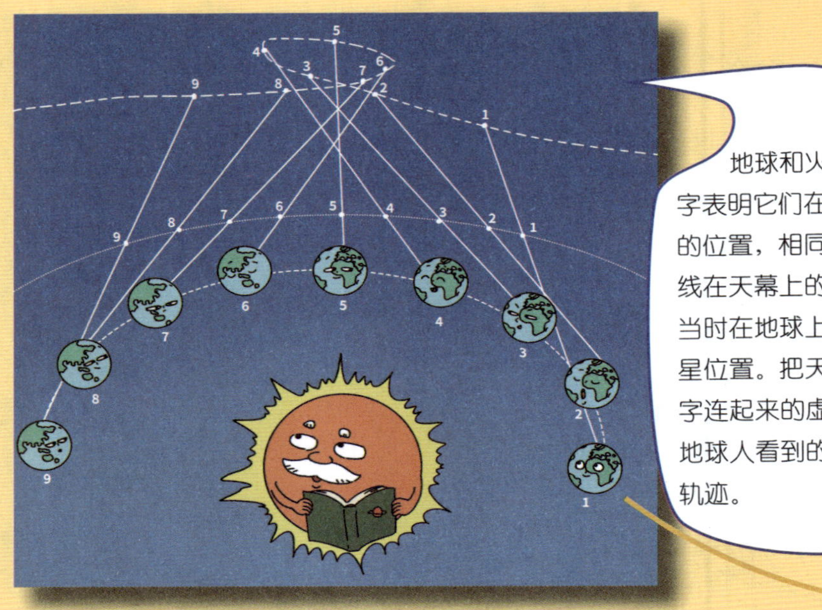

哥白尼对火星逆行的日心说解释

◎对火星的探索

过去

科学家推测火星以前是一颗温暖湿润的宜居行星，有大量的液态水。当时，它上面有河流和海洋，自转轴的倾斜角（25.2°）和地球的（23.5°）非常接近，也像地球一样有春、夏、秋、冬四季。火星上曾经有过适合生命诞生的条件，甚至有人认为地球上的生命来自火星。

但是，火星的磁场非常微弱。没有磁场的保护，数十亿年来，火星的大气几乎被太阳风和辐射剥离殆尽，以致这颗红色行星变成了一个贫瘠荒凉的世界。

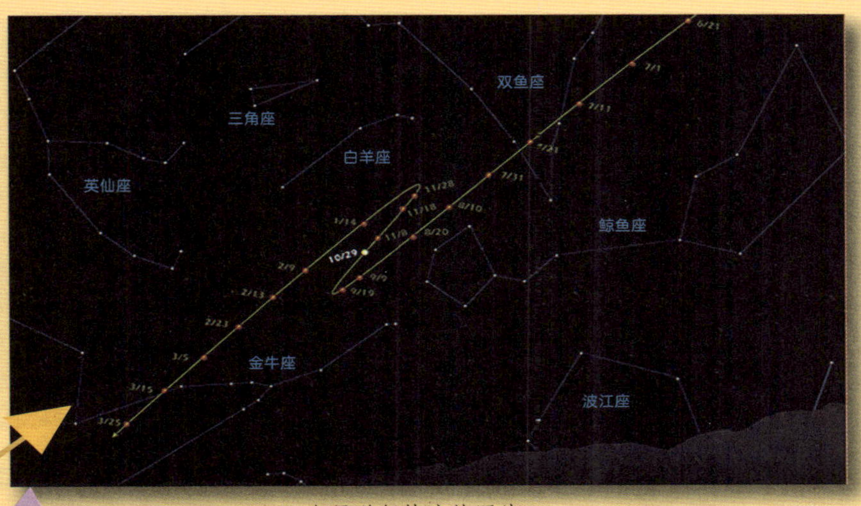

火星逆行轨迹的照片
（版权：NASA）

你知道吗？

火星这样的运动轨迹，是当初“日心说”取代“地心说”的重要论据之一。

全是因为速度差

地球公转周期短，火星公转周期长。地球好比一匹快马，火星好比一头老牛，都在围着太阳转圈。当快马赶上老牛时，快马看老牛好像在倒着往回走。

现在

现在人类探测火星，一个重要任务就是在那里寻找微生物。有科学家在实验中模拟火星寒暑交替的自然环境，发现两种产甲烷菌能在这种环境中幸存下来。所以，微生物是有可能在火星的环境中存活的。

科学家还在研究将外星环境地球化（简称地球化），火星就是候选对象。这是一项极具挑战的行星工程——人为改变天体表面环境，使其气候、温度、生态类似于地球环境。

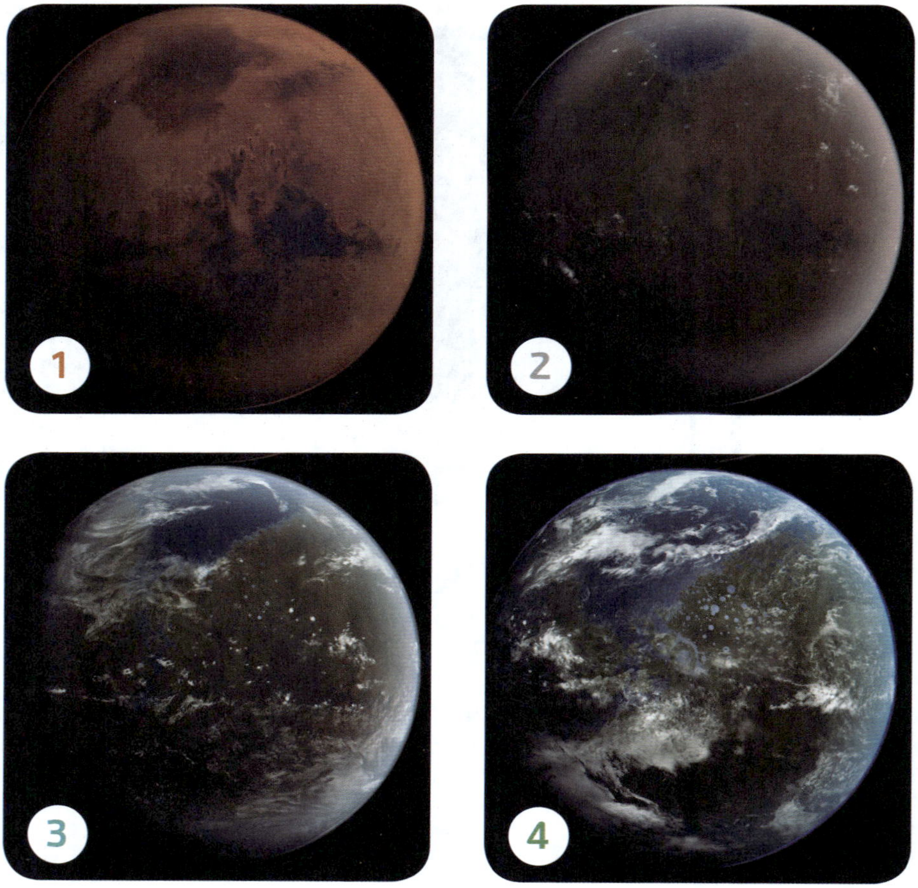

艺术家想象中火星的地球化过程

(版权：Daein Ballard, Creative Commons License, GNU Free Documentation License)

火星“坑王”

火星上的火山奥林巴斯山，面积是浙江省的3倍，高度约为珠穆朗玛峰的3倍，是太阳系行星中最大最高的山。最神奇的是在80千米宽的火山口里面，还有直径15.6千米的陨石坑。真可谓坑中有坑的“坑王”。

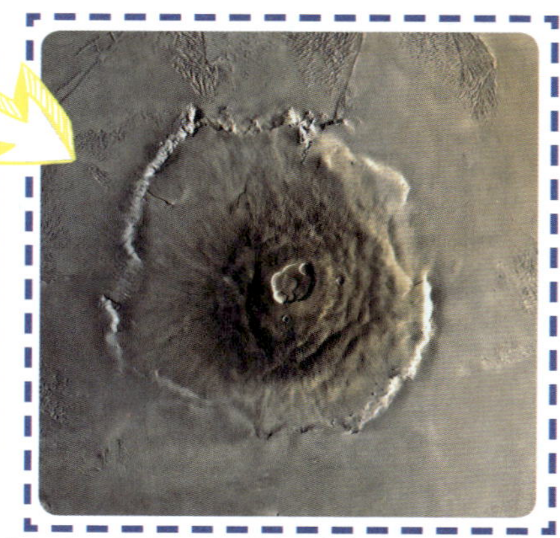

“海盗号”探测器拍摄的奥林巴斯火山照片

在哪里定居？

篇尾语

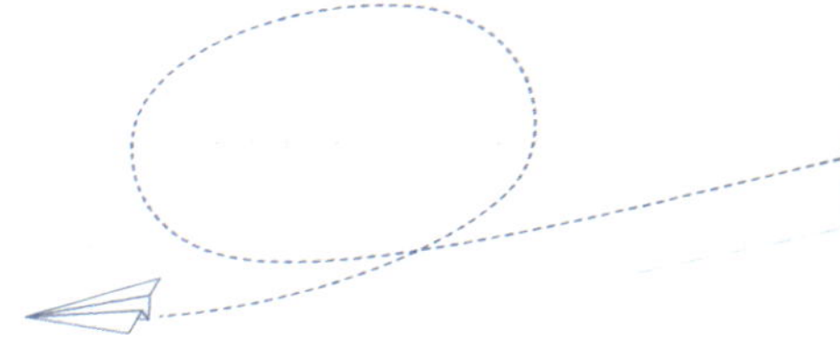

水星、金星、地球和火星，这是四颗离太阳较近的行星。它们都有一个固体的地壳表面，由岩石组成，核心部分是金属，体积都比较小。我们称它们为岩质行星（又称“类地行星”）。

为什么近日行星是岩质的呢？

科学家解释，一旦星体靠近太阳，就会受到太阳强大辐射和引力的影响，以致较轻和易挥发的物质不容易聚集。所以，靠近太阳的行星通常由比较重的金属和岩石组成，气体和轻金属比较少。

这四颗行星都有大气层存在，厚薄却天差地远。

水星因为紧靠太阳，本身的引力不够强大，加上高温的影响和太阳风的吹拂，原始的大气在短时间内就消失殆尽。尽管如此，水星现在还是由一层稀薄的大气包围着。

金星的大气主要由二氧化碳组成，并含有少量的氮气。金星的大气压强非常大，约为地球的 90 倍，相当于地球海平面下 1000 米处的压强。大量二氧化碳使得温室效应在金星上恣意横行，把金星变成了一个硕大的“火炉”。

火星大气层的主要成分是二氧化碳，其次是氮气和氩气，此外还有少量的氧气和水蒸气，但是火星大气的密度不到地球大气的百分之一。

如果有足够好的宇航服护身，从水星、金星、火星中选一个星球去访问，你选哪一个？

多年以后

你守在水手号峡谷，
这红色的玉门关。
落日熔金，
熔不断“天问”擎起的身影。

如果这是回归，
是否记得亿万年前的哪一颗流星？
如果这是重逢，
又是缘于哪一夜的星辰，哪一夜的风？

一粒种子在驿站的沙土里萌动，
是回想起蓝色星球上空的阴晴圆缺？
还是在等夜幕下，
那枚新认领的月亮，从西边冉冉升起？

火星上的风景

（版权：NASA/JFL—Caltech/ASU/MSSS）

战神、美神、快递神，哪一个给你的印象最深刻？

快递神。他飞速的身影让我想起了快递员。

03

气星篇

“护弟狂魔”还是“惹祸精”

木星，在中国古代被称为岁星。木星的公转周期约 4333 个地球日，约 11.88 个地球年。因此，古代中国曾以此规律纪年。你出生时木星位于轨道某一点，当它再次来到这一点时，大约就是你的本命年了。

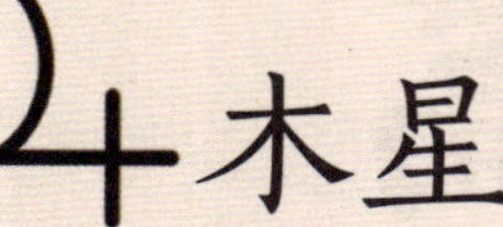

7.8 亿千米

142984 千米

95 个

（公）4333 天（11.88 年）

（自）10 小时

木星的天文符号是万神之王最强大的神器——闪电。

◎木星之最

木星是太阳系最大的行星，而其英文名称则来自罗马神话中最强大的神——朱庇特。

木星是太阳系中质量和体积最大的行星。其质量是太阳系中其他七大行星质量总和的2.5倍，是地球的318倍。其体积是地球的1321倍。

然而，这么大的星球可一点儿都不笨拙——它是太阳系里自转最快的行星，自转周期将近10小时。这么大的个子，转这么快，换作人的话，肯定会头晕目眩的。而其实木星也“晕”，它的“晕”表现在气流混乱上：木星的大气非常“焦躁不安”，是一个复杂多变的天气系统，云层图案每时每刻都在变化，而其中最著名的是多彩的条带和大红斑。

你知道吗？

不同的化学成分给了木星多彩的颜色，而花纹变化则由大气中气流的运动造成。

◎大红斑

位于木星南半球的大红斑的直径比地球直径还大，是 17 世纪的天文学家卡西尼发现的。三百多年来，虽然它的颜色和形状有所改变，但是从来没有消失过。

木星大红斑和地球大小比较示意图（版权：NASA/JPL—Caltech/SwRI/MSSS/Christopher Go）

科学家推测大红斑是一个已经刮了几百年的大风暴，其中导致发红的气流物质，有人猜测是硫和磷的化合物，但科学界没有达成共识。

19 世纪末，大红斑的直径大约为 40000 千米，1979 年变为 23000 千米，而现在观测发现大约为 16350 千米。大红斑正一年年地缩小。

◎木星守护了地球？

1994 年 7 月 17 日，是人类天文观测史上惊天动地的日子——苏梅克－列维 9 号彗星撞击了木星，发生一系列爆炸，在木星上留下的撞击黑斑如地球般大小，其中最大的一片碎片撞击能量相当于 480 亿吨 TNT 炸药。

彗星分裂成碎片撞击木星的照片

从某种意义上说，木星守护了地球。这个大家伙像“太空吸尘器”一样，用引力为太阳系内部扫清了许多陨石块，用自己的身躯替地球挡掉了许多可能来袭的彗星或小行星。

当然，科学家中也有持异议者。他们甚至认为是木星的引力“招引”来小行星，使小行星偏离原轨道从而冲向地球，恐龙灭绝事件的“凶手”可能就是木星。它将一颗小行星“甩”向地球，造成了巨大的灾难。墨西哥附近的希克苏鲁伯陨石坑，平均直径约有 180 千米（另一说约 100 千米），就是当年小行星撞击地球的证据。你相信哪一种说法呢？

◎木星是个“顺风车”

木星“老大”的气场非常强大。天文学家在它的轨道上发现了大量小行星，直径超过 1000 米的约有 100 万颗。它们“前呼后拥”，一群在它前方 60 弧度的位置，另一群在它后方 60 弧度的位置。这两个位置是三体问题中的拉格朗日点，小行星们在这两个位置上时，受到的太阳引力和木星引力达到平衡，可以和木星同步运行，好像是搭上了“顺风车”。

在太阳、木星、小行星这个三体问题中，有五个拉格朗日点，小行星在其中的两点上，才能搭“顺风车”。

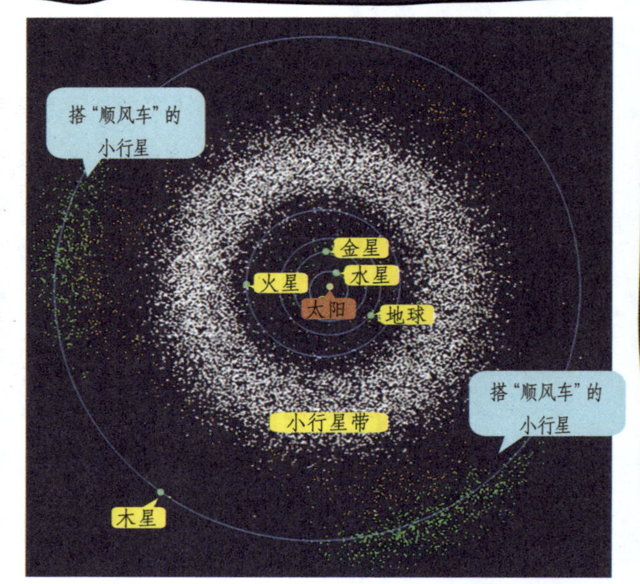

三体问题是什么？

三体问题是研究三个天体在受相互引力作用下各自的运行轨道。拉格朗日点就是运行轨道中的“舒适区”。

嘿，老大，早上好！

真是够了，又来搭便车……

你知道吗？

人类发射的韦伯望远镜和一些观测卫星都在太阳和地球的拉格朗日点上，它们几乎不需要损耗燃料就可以维持轨道运行。

自带光环的土星

土星，在中国古代被称为镇星或填星。古人把星空分成二十八宿，把二十八宿想象成二十八个房间。从地球上看，土星好像每年去一个房间里住宿，轮上一圈正好是二十八年（实际周期为 29.5 年）。

♄ 土星

14.5 亿千米（9.56AU）

120536 千米

146 个（2023 年数据）

（公）10756 天（29.5 年）

（自）11 小时

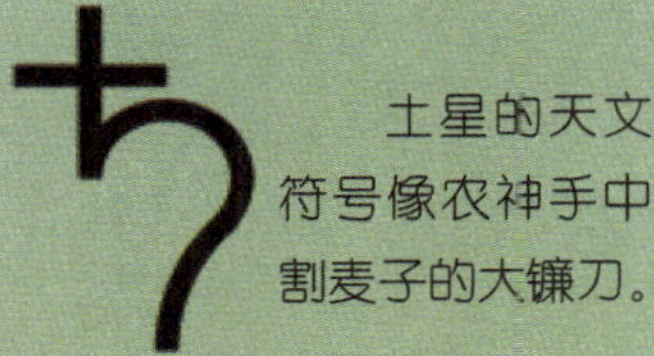

土星的天文符号像农神手中割麦子的大镰刀。

注：AU 是天文单位，详见第 32 页。

◎土星的命名

在欧洲，土星的名称来自于罗马神话中的农业之神萨图尔努斯。土星是太阳系第二大行星，仅次于木星，而萨图尔努斯则是罗马神话中仅次于朱庇特的大神。无论东方还是西方，都把土星和与人类生存密切相关的农业联系在一起。

◎土星环的发现

1610 年 伽利略在望远镜中观察到土星旁有很奇怪东西，像耳朵一样。由于当时的天文望远镜放大倍数有限，伽利略无法判断那是什么，于是猜测土星附近有两个卫星。

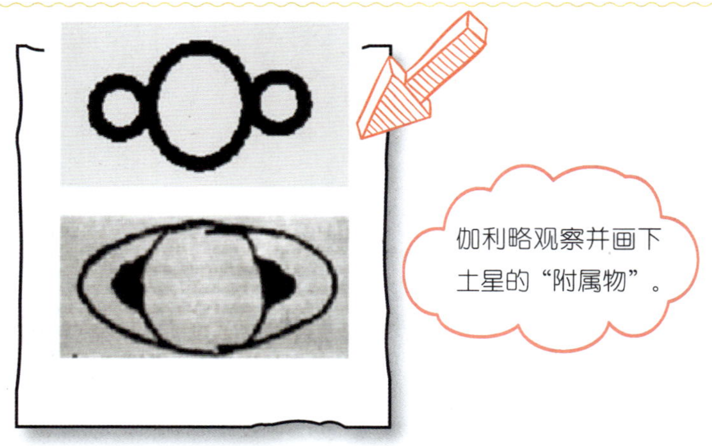

1659 年 荷兰天文学家惠更斯判断这是土星的光环。

1675 年 意大利的卡西尼发现土星光环中间有一条暗缝（后称卡西尼环缝），他还猜测光环是由无数小颗粒构成的。

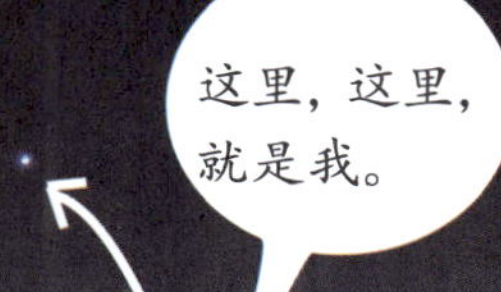

土星“卡西尼号”探测器在2013年7月19日拍摄的土星环，照片中的小亮点是地球。
（版权：NASA/JPL-Caltech/Space Science Institute）

上图是从土星探测器“卡西尼号”上拍摄到的土星光环的照片。即便我们事先有心理准备，但还是没想到土星的光环这样漂亮，这样壮观，这样千姿百态，呼啦圈似的环环相套，在土星的“腰”上旋转。这个呼啦圈环宽达40万千米，可以在环面上并列排上30多个地球，而它的平均厚度却只有几十米。成千上万个光环在一起，看上去更像一张硕大无比的密纹唱片。而这张密纹唱片上一圈圈的螺旋纹路，由大小悬殊的碎块或颗粒组成，大的直径可达几十米，小的直径不过几厘米或者更微小。它们外包一层冰壳，由于太阳光的照射，反射出炫丽明亮的光芒。

◎土星环是怎么形成的

说法 1

法国天文学家洛希提出，任何坚固的天体在接近另一个比它大得多的天体的时候，都会受到强大的潮汐力作用，最终被扯成碎片。

说法 2

人们猜测，在很早很早以前，一颗硕大的星体撞上土星的一颗卫星，二者同归于尽，最终碎片形成了土星环。

这是怎样美丽的事故，才能生成这样美丽的光环啊！

『卡西尼号』拍摄的土星北极六边形风暴

1981 年，“旅行者 1 号”探测器在土星北极发现了一个六边形的涡旋，每条边长 1.2 万～ 1.6 万千米，比地球的直径还要长。科学家推测这个六边形风暴很可能与土星的自转速率有关。

绚丽的光环，美丽的六边形，变幻莫测的条纹，木星给了我们几何形状的惊喜。

在绝对的力量面前

“街舞天王”天王星

金星、木星、水星、火星、土星这五颗行星，在人类的行星观测史上占位几千年，直到 18 世纪英国的一位音乐家兼天文学家出现。

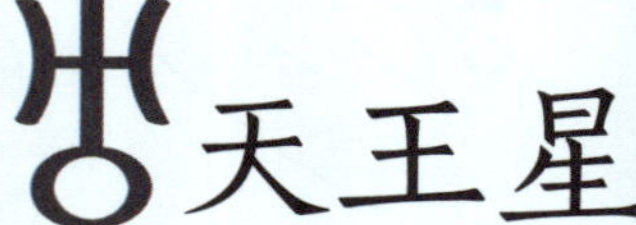

29.3 亿千米（19.8AU）

50724 千米

27 个

（公）30687 天（84 年）

（自）17 小时

◎天王星的命名

1781 年，威廉 · 赫歇尔在作曲之余用望远镜瞭望夜空，观察到了一颗新的行星。他用国王乔治三世的名字将其命名为“乔治之星”。

威廉 · 赫歇尔

后来这颗星被改名为天王星，它的天文符号含有赫歇尔姓氏开头的字母 H。这是八大行星中唯一与真人姓名有关的符号。

◎天王星之最

天王星的公转周期约为 84 个地球年，从它被发现至今，还没有度过 3 个“天王星年”。

在太阳系的八大行星中，天王星最独特的一点是：它是一颗“躺着”的行星。

哈勃望远镜拍摄的天王星

◎为什么躺着

我们都知道，行星一边绕着太阳公转，一边自转，在自转轴和公转轴之间有一个倾斜角度。

公转和自转好比一个人在舞台上，一边旋转，一边绕着舞台转圈。在太阳系八大行星中，天王星就是躺着在“跳街舞”！它的自转轴和公转轴之间的倾斜角度约为 98°。

你知道吗？

地球的倾斜角度约 23.4°，这给地球带来春、夏、秋、冬的四季变化。（详见《少年读科学：图说地理学》）

天文学家一直试图解释天王星奇特的倾斜性，有一种比较流行的观点认为，在很早以前天王星被一颗很大的未名星体撞歪了。

在天文学家的“刑事档案”里可能至今仍写着：高度怀疑曾被不明物体撞到，“肇事者”逃跑了。

这是未名星体第三次在本书中“出镜”，这一次它充当了“肇事逃逸”的角色。

当然，这个疑案也有其他的解释，比如木星和土星对天王星的引力作用。

前两次未名星体在哪里出现？请找一找！

“碰瓷”？这得是多么大的撞击啊！

是啊，把天王星完好无损地撞“躺”下了。

笔尖上的海王星

海王星的发现充满了戏剧性。

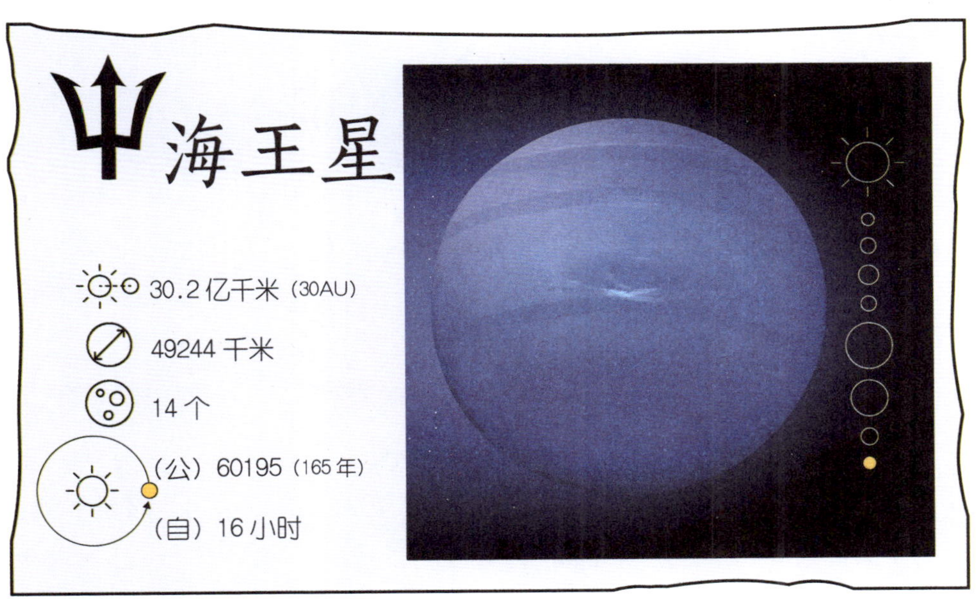

◎发现海王星

在最早的观测记录中，伽利略于1612年观测到一颗星星，它在天空中几乎一动不动，于是伽利略误认为这是一颗恒星，并将其描绘了下来。但其实，这颗星星就是海王星。这也是人类历史上首次观测到海王星。

到了19世纪，天文学家对天王星的轨道很迷惑，因为按照牛顿力学的计算，天王星的轨道似乎受到了不明天体的影响，应该有一个未知的星体在“拉扯”，从而干扰了天王星的轨道。

1846年，法国的勒维耶通过推算，在星空的某个位置画了一个小圈：那个未知的星体就在这里。勒维耶说服了柏林天文台的伽勒“定点搜寻”。

1846 年 9 月 23 日晚间，海王星被发现了，与勒维耶预测的位置偏差相距不到 1°！

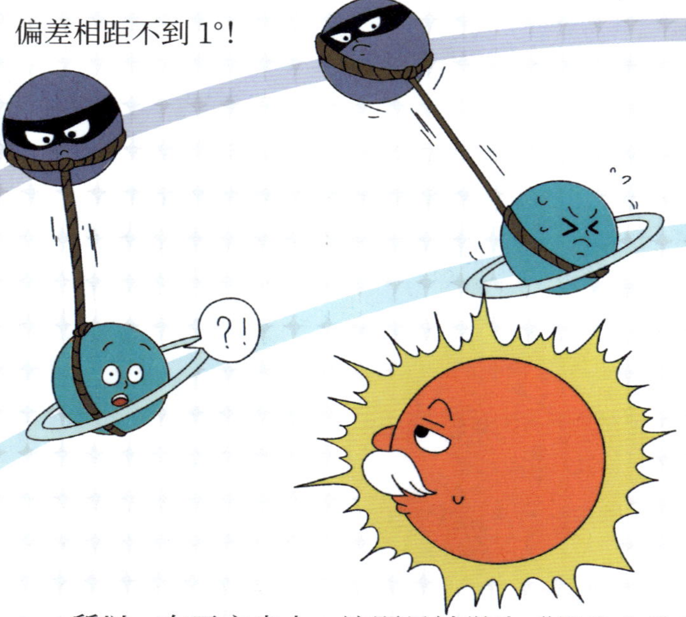

所以，在天文史上，这颗星被誉为“笔尖上的行星”。这是牛顿力学的伟大胜利，也是勒维耶的伟大胜利。

在被发现之后的一段时间里，海王星曾被称为“天王星外的行星”和“勒维耶的行星”，后来改名为海王星。

海王星的自转周期大约为 16 个小时，公转周期相当于 164.79 个地球年。由此可见，海王星围着太阳缓慢旋转，而自个儿又飞速转圈。自从 1846 年被发现至今，它只绕轨道转了一圈（以发现点作为起点），于 2011 年 7 月 12 日才回到绕日公转轨道上它被发现时的那个点。

海王星距离太阳 30AU 远，位于太阳系的偏远地区，太阳引力的影响已经相当弱了。所谓天高皇帝远，海王星成了这个偏僻荒野的老大。它以轨道共振的方式，不仅干扰了冥王星和它的小伙伴“冥族小天体”的运行，还吸引了小行星，甚至把影响力一直扩展到距太阳将近 80AU 的空间。天文学家专门发明了一个词叫共振海王星外天体（RTNO），来统称这些被海王星“骚扰”的星体。

矮行星妊神星和海王星共振的『舞姿』

多么漫长的一年啊，而每一天却又太短。

这多像童年盼望长大的自己，总是觉得长得太慢，而每天快乐的日子又过得太快。

篇尾语

木星、土星、天王星、海王星有一个共同特点：它们都没有固体表面，在这些行星上没有岩石组成的坚实地壳可以站立。我们称它们为气态行星（又称“类木行星”），主要由氢气、氦气等气体组成。有人突发奇想，氢气易燃易爆，如果在气态行星上空点燃一根火柴，会不会把它炸掉？很抱歉，它们那里没有氧气，所以烧不起来。

火能克木吗？

为什么远日行星以气态为主呢？

科学家的解释：在形成行星的过程中，离太阳近的行星把大量重元素（相对原子质量较大的元素）“拦截”了，于是在太阳远处形成的行星，只能用剩下的轻元素（相对原子质量较轻的元素）。用形象化的比喻就是：近日行星吃肉，远日行星喝汤。

很巧合的是，太阳系里 4 颗气态行星都拥有行星环：纤细的木星环（4 个）、绚丽的土星环（7 个）、暗淡的天王星环（13 个）和海王星环（5 个）。天王星的环小且暗，但是其个数多达 13 个！庞大的木星只拥有 4 个环呢。

行星环里的那些碎片和尘粒，或许是来自一次撞毁或撕碎的残骸，或许是“造星（卫星）”未成功的遗留物。

科学家研究行星环，并没有迷恋于它们的绚丽，而是通过研究行星环和卫星之间引力的相互作用，来推测和重构太阳系起源的过程：卫星在行星环里吞噬和释放物质的过程，和远古时太阳吞噬和释放行星物质的过程有很大的相似之处。那些发生在远古的历史和画面，可以通过今天发生在行星环上的细节来重建。科学研究再一次给了我们机遇：虽然太阳系形成时我们不在那里，但是，因为有了科学研究和推理，我们仿若亲见。

如果说月球这样明亮美丽的卫星是一次完美的创造，那么行星环可以说是一次失败的创造。但是，即使是失败的创造，它在星空中的身姿依然是这样绚丽动人。

“造星”是什么？

在太阳系形成过程中，原始的行星盘中的物质聚集起来，形成行星，在它周围还有些剩余的物质，有可能会变成它的卫星。这里“造星”是一种形象化的说法。

海上云的诗

命运之歌

这一次，苏梅克[1]撞入朱庇特的怀中，
留下一串灼伤的疤痕。
上一次，希克苏鲁伯[2]的天火，
将恐龙的吼声，
封存在白垩纪的岩层。

这样的相遇，照亮整个星球。
这样的灿烂，生命不能承受。

架起火眼金睛，
去看清，哪一颗星子，
正在动下凡之心。
再布下天罗地网，算准时机，
半途截住偷入红尘的浪子，
让宿命的轨迹偏离三分。

千年之前，
谁在嘲笑忧天的杞人？
千年之后，
谁是岁月静好的守护神？

师生一刻

如果高歌一曲赞美行星环，你会唱什么？

啊——五环，你比四环多一环……

注：

1. 苏梅克—列维 9 号是一颗彗星，曾在 1994 年 7 月撞击木星，是人类在太阳系中观测到的最为壮观的天文现象之一。

2. 希克苏鲁伯是在墨西哥湾海底的一个陨石坑，直径达 180 千米，科学家猜测这是由 6500 万年前一颗直径为 10 ～ 15 千米的陨石撞击造成的，那次撞击让恐龙灭绝了。

04 带云篇

失踪的行星和巧合的数字

1766 年，德国的一位中学教师提丢斯发现，太阳系中行星轨道有一个简单的数学规律，之后这个规律由天文学家波得整理发表：取 0、3、6、12、24、48……这样一组数，每个数字加上 4 再除以 10，就是各个行星到太阳距离（AU）的近似值。相应的公式被命名为提丢斯－波得定则。

提丢斯－波得定则可以表述为：

$$a = \frac{n+4}{10}$$

其中：$n = 0, 3, 6, 12, 24, 48...$（$n \geqslant 3$ 时，后一个数字为前一个数字的 2 倍）

现代的公式把 a 作为行星到太阳的平均距离，用 AU 表示：$a = 0.4+0.3 \cdot 2^n$（$n = -\infty, 0, 1, 2...$）

按照这个规律得出：

水星到太阳的距离为（0+4）/10=0.4AU

金星到太阳的距离为（3+4）/10=0.7AU

地球到太阳的距离为（6+4）/10=1.0AU

火星到太阳的距离为（12+4）/10=1.6AU

经过实际观测，各行星到太阳的距离竟然和计算结果神奇地相符！照此推算下去，下一个行星到太阳的距离应该是：

（24+4）/10=2.8AU

可是当时在那个位置上并没有发现任何天体。

提丢斯－波得定则

好像有规律！
水
金
地
火
0，3，6，12，24，48
中学教师提丢斯

原来如此，找到规律了！
a=(n+4)/10

终于整理完毕，这个规律就定名为提丢斯－波得定则吧。
提丢斯－波得定则
a=0.4+0.3·2ⁿ
a=(n+4)/10
天文学家波得

◎发现小行星带

1801年

新年的晚上，意大利神父朱塞普·皮亚齐没有参加宴会，却在聚精会神地观察着星空。突然，他从望远镜里发现了一颗非常小的星体，正好在提丢斯预测的2.8AU的位置上。这颗星被命名为谷神星。

谷神星自被发现后，在长达半个世纪的时间里都被称为第八颗行星（其他七颗分别是水星、金星、地球、火星、木星、土星和天王星）。

1802年

天文学家奥伯斯在同一区域内发现另一小行星，随后命名为智神星。

1804年

人们在相同的区域内又找到了第三颗婚神星和第四颗灶神星。

之后

天文学家在这个区域陆陆续续发现了更多小行星。

谷神星、智神星、婚神星、灶神星和月球比较

于是，这个区域被称为小行星带，目前探测到的小行星约 130 万颗。其中最大的一颗就是谷神星，它直径约 950 千米，几乎占整个小行星带总质量的 1/3。

太阳系

小行星带是如何形成的？

人们普遍接受的解释是：在太阳系形成初期，这个区域本该形成一颗行星的，但是因为木星引力太大，把本该形成的一颗行星撕裂了，扼杀在了摇篮里。现在我们看到的这些小行星，就是当年的木星“杀星”事件（见第 055 页）遗留下来的残骸和碎片。

◎不安分的小行星

有些小行星的轨道与地球轨道相交，一旦撞击地球，将带来毁灭性的威胁。有的科学家认为当年恐龙灭绝事件，就是小行星撞击的后果。

据科学家估算，大约每 1000 万年，地球就会与直径 5 千米的小行星撞击一次，每过大约不到 100 万年，就会与直径 1 千米的小行星撞击一次。而直径不到 1 米的小行星，每月会与地球发生好几次撞击，但是因为大气层的存在，到达地表时就差不多燃烧殆尽了。

大气层发生了什么？

这是科学家观测记录的小行星进入地球大气层的事件。每一个点就是一颗小行星造访地球的痕迹。1994—2013 年一共发生了 556 次撞击，其中橙色点的撞击发生在白天，蓝点的撞击发生在夜晚。

没有所谓的岁月静好，只是因为大气层在负重前行。

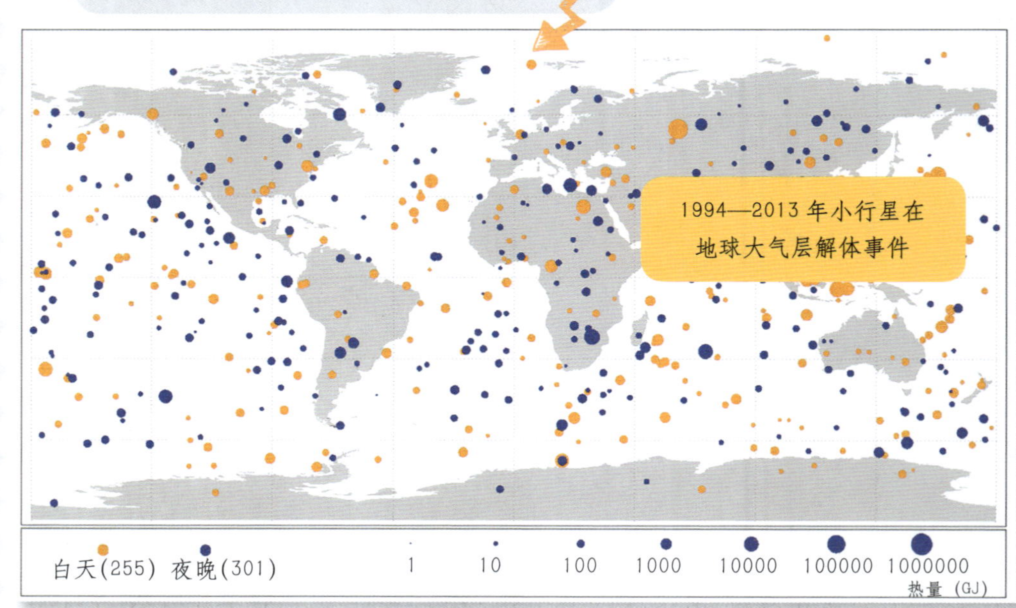

（版权：NASA / JPL）

注：GJ 表示吉焦，是热量单位，1 吉焦就是 10 亿焦耳。

◎防御近地小行星的方法

有没有防御前来“骚扰”地球的近地小行星的方案？目前，科学家设想了两种方案。

炸 用核武器或者超强激光把它摧毁成小碎块。

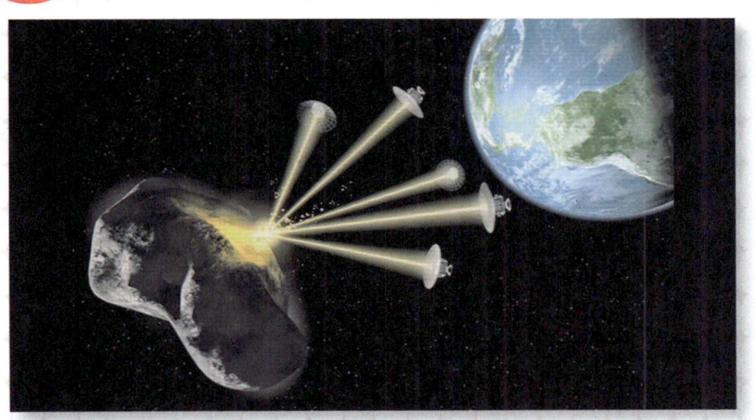

导 在它的表面插入火箭或者风筝形太阳帆，把它逐渐推离原先的轨道，从而绕开地球。

防御小行星的方法（艺术图）（版权：NASA）

被采集样本的丝川

2005 年，日本“隼鸟号”小行星探测器拍摄到这样一张照片。照片中是一颗马铃薯形状的小行星，叫作丝川，体积为 535m × 294m × 209m，是一颗近地轨道小行星，绕着太阳公转，其轨道有时离地球很近，有撞击地球的潜在危险。科学家采集岩石样本研究其组成，以便对所有小行星的构成和危害作进一步的了解。

◎重回提丢斯－波得定则

让我们再回到提丢斯公式。科学家发现除了海王星，其他的七大行星都与这个规律十分吻合。为什么会存在这样的规律呢？

有的科学家认为这只是一个巧合而已，所以一般课本里“提”也不提就“丢”掉了。

也有科学家认为这可能与天体之间的引力相互牵制有关，是一种我们尚且无法描述和解释的关系。

提丢斯－波得定则计算和实际测量的行星轨道

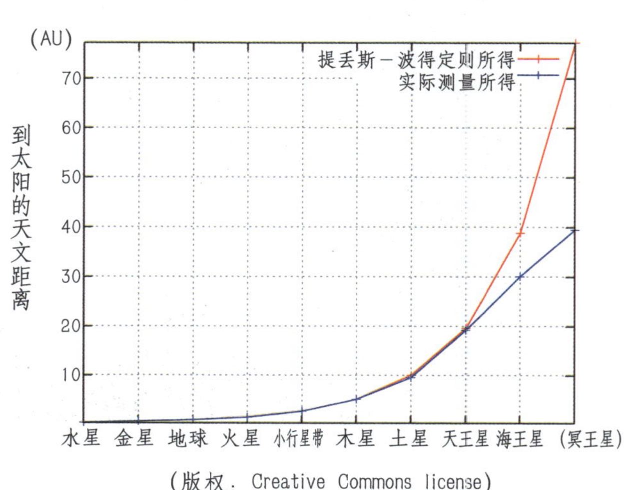

(版权：Creative Commons license)

好奇的你，快去寻找答案吧！

2 冥王星的星运起伏

在 20 世纪初，已经有不少科学家预测了海王星外还有天体存在，但一直没有人发现它。

这是因为那里太遥远，距离太阳约 50AU，照射到那里的太阳光非常少。即便有一个天体在那里，经它反射能到达地球的光也是微乎其微。

◎不服输的少年

有一位叫汤博的年轻人立志要找到这颗天体。他采用了一种比较法：将不同夜晚拍摄的星空各部位的照片进行比较，看看有哪些天体移动了位置。

这是一项非常繁琐和考验耐心的工作，和大海捞针的难度差不多。他日复一日，从不间断地对比查找。

1930 年，在仔细检查了几十万颗星之后，汤博终于发现一个暗淡小星点，在相隔六天拍摄的两张底片上移动了 3 ～ 4 毫米。

他确认这是一颗新行星。那年，他才 24 岁。

在为新行星征名时，一个 11 岁英国小女孩的建议被最终采纳：希腊神话中的冥王。这个名字恰如其分，因为这里终年幽暗，就像神话传说中的冥界。

从此，冥王星进入教科书，荣登九大行星之列。

◎新的发现

1992 年后，天文学家在海王星之外的区域发现了一些质量与冥王星相若的天体，这些发现挑战了冥王星的行星地位。2005 年发现的阋神星，质量甚至比冥王星质量多出 27%。

这个有大量冥王星小伙伴存在的区域叫作柯伊伯带。天文学家预测柯伊伯带中天体的直径从 10 米到 2000 多千米不等，直径超过 100 千米的天体可能多达 10 万个。

阋神星

阋神星是以古希腊神话中主争斗与不和的纷争女神来命名的。阋神星的“阋”(xì)就是争吵、争斗的意思。这样是不是一下就记住了阋神星的名字？

如果这些类似的天体也要加入行星的名单的话……

我可不想绞尽脑汁记下这么多行星的名字来应付科学考试！

一些已知的外海王星天体

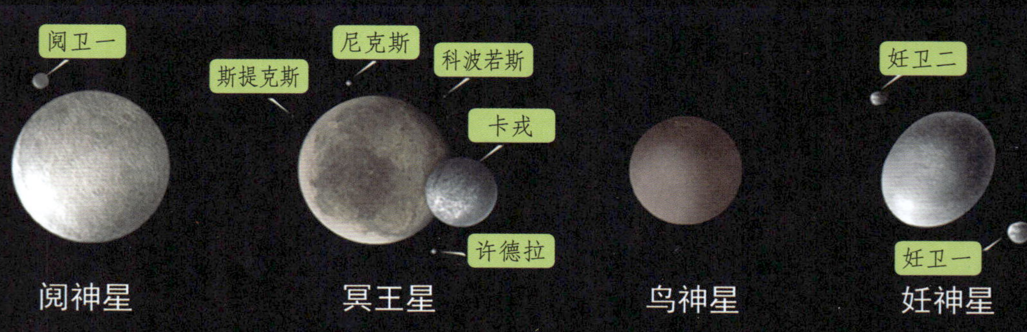

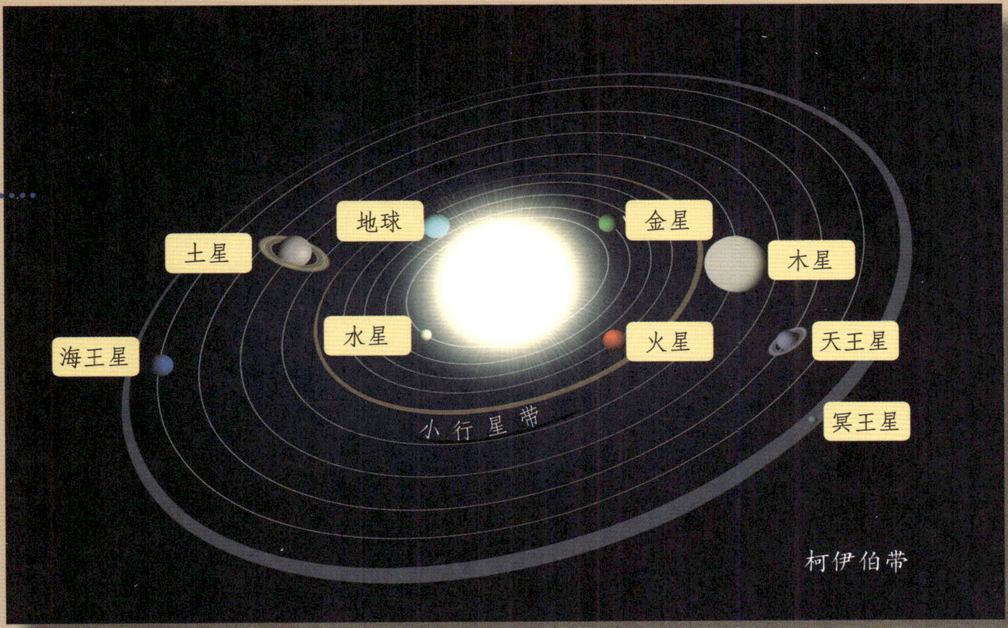

土星
地球
金星
木星
海王星
水星
火星
天王星
冥王星
小行星带
柯伊伯带

◎重新定义行星

后来，天文学家重新给出了行星的定义。

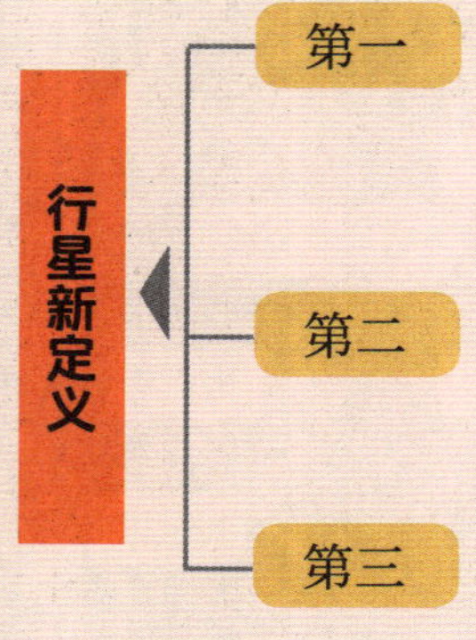

绕着一颗恒星或者恒星的遗迹转动：一定要“跟对真正的老大”，如果绕着行星转，充其量只能算一颗卫星。

质量足够大，重力场压缩使得它成为一个球体：一定要“圆”。

独霸轨道，在它的轨道周围除了自己的卫星之外，没有其他大的天体：一定要“霸道”。

冥王星的身上是不是有一颗被伤透的“冥王之心”？

那是一片覆盖着固态氮的冰原，拔凉拔凉的，真心凉！

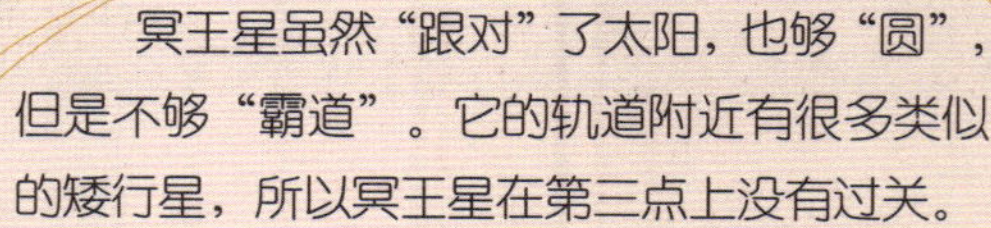

冥王星虽然“跟对”了太阳，也够“圆”，但是不够“霸道”。它的轨道附近有很多类似的矮行星，所以冥王星在第三点上没有过关。

2006 年 8 月，天文学家投票正式将冥王星归类为矮行星，从太阳系行星之列中除名。从此，太阳系只有八大行星。

从 1930 年被发现，到 2006 年被降级，冥王星都没有绕太阳转完一圈（公转周期 248 年）。

2015 年，冥王星探测器到达冥王星。飞船上还装载着汤博的部分骨灰。在冥王星被发现的 85 年后，它的发现者和它终于近距离“相见”了。

行星新定义

3 请喝一杯奥尔特云的水

在很长一段历史里，人类都以为地球是宇宙中的幸运儿：水是孕育生命的必要条件，而地球是唯一拥有水的星球。

后来，这种“唯我有水”“地球独尊”的傲骄，被科学家的发现打碎了。

◎奥尔特的假设

荷兰天文学家奥尔特根据长周期彗星的轨道分布，提出一种假设：在距离太阳 2000~100000AU 的地方，有一个彗星的巨大“老窝”——奥尔特云，估计其中的彗星超过 1 万亿颗。

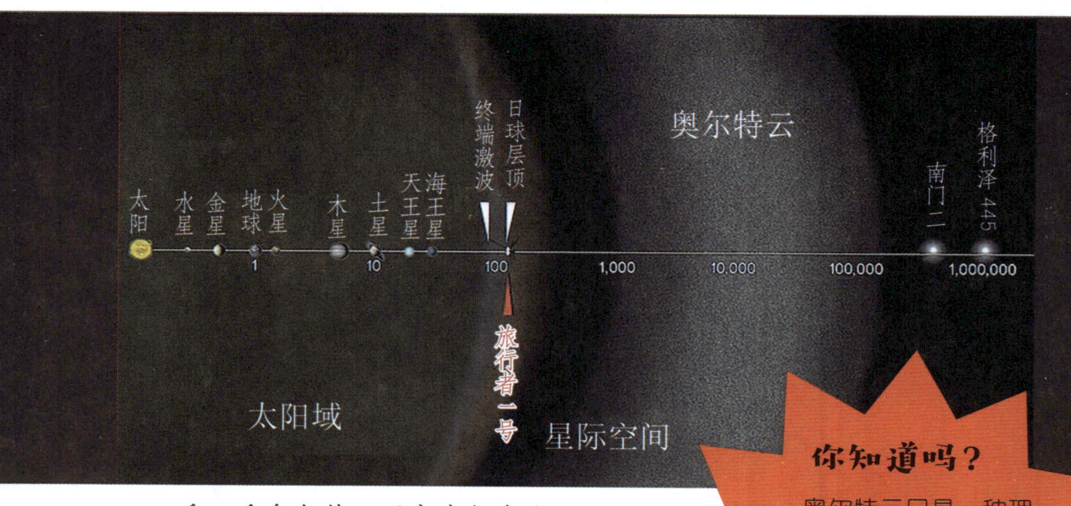

看一看奥尔特云距离我们有多远吧！人类 1977 年发射的“旅行者 1 号”探测器正处在柯伊伯带，离理论假想中的奥尔特云还有十几倍的距离要飞行。

你知道吗？

奥尔特云只是一种理论。因为太过遥远、暗淡、稀疏，我们还没有观察到它存在的直接证据。

彗星是由冰雪混合着尘埃组成的，被形象地称为“脏雪球”。奥尔特云是彗星的“家”，也很有可能是太阳系中最大的“水库”。如果想请你喝一杯奥尔特云的“太空水”，还真的要处理一下。

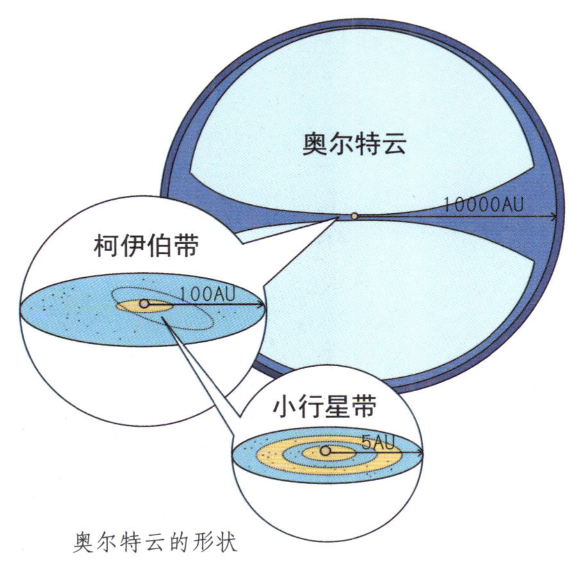

奥尔特云的形状

◎彗星的一生

彗星经过几十年甚至百万年的长途跋涉，只有到了近日点才会散发出光芒。

当彗星离太阳很远时，看起来是个发光的云雾状小斑，中间明亮，边缘稍微模糊。随着与太阳距离越来越近，彗核中的冰由于受到太阳辐射而汽化、蒸发，形成一个发光的云雾状结构，即彗尾，被太阳风和太阳光压推向后方，在背向太阳的方向，形成一根长长的尾巴。

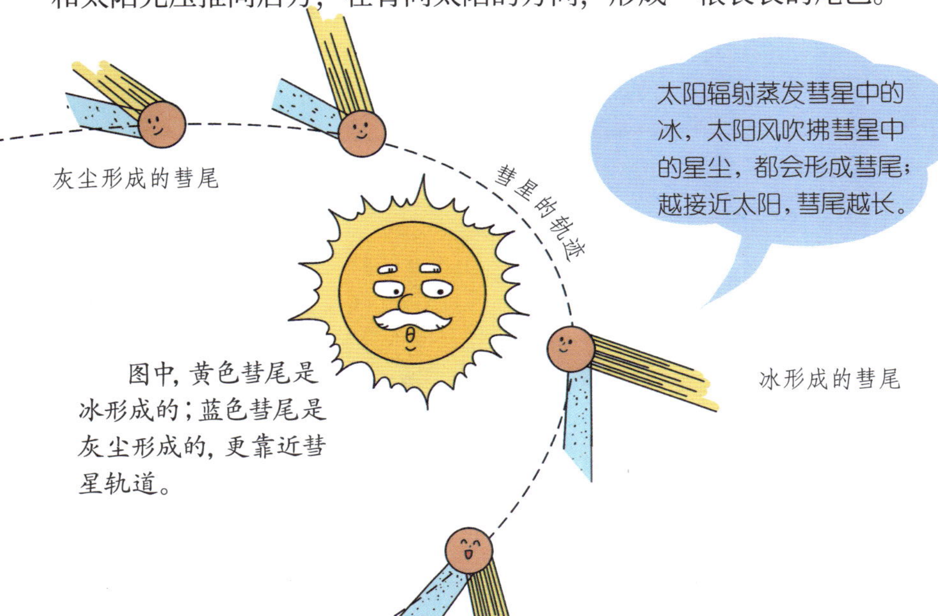

图中，黄色彗尾是冰形成的；蓝色彗尾是灰尘形成的，更靠近彗星轨道。

仔细观察右图，冰的彗尾和灰尘的彗尾是不一样的。你看出来了吗？

1986 年拍摄的哈雷彗星照片

彗星经过很多次回归之后，冰核被蒸发殆尽，最后只剩下岩石，不再“披头散发”，也没有了耀眼的光芒。它的命运是什么呢？或许完全解体化为尘埃，或许只剩下岩石的核心，成为太阳系中黯然游荡的孤独者。总之，人们再也看不到它了。

彗星的轨道很扁，近日点和远日点与太阳的距离相差非常大。我们一般将彗星周期性接近太阳的时候称为“回归”。

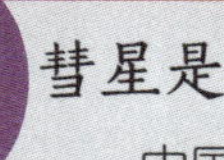

彗星是个“背锅侠”

中国古代早在公元前 613 年就有了关于彗星的记录，称其为“扫帚星”，常将它与战争、饥荒、洪水、瘟疫等灾难联系在一起。这无辜的彗星，莫名其妙地当了“背锅侠”。

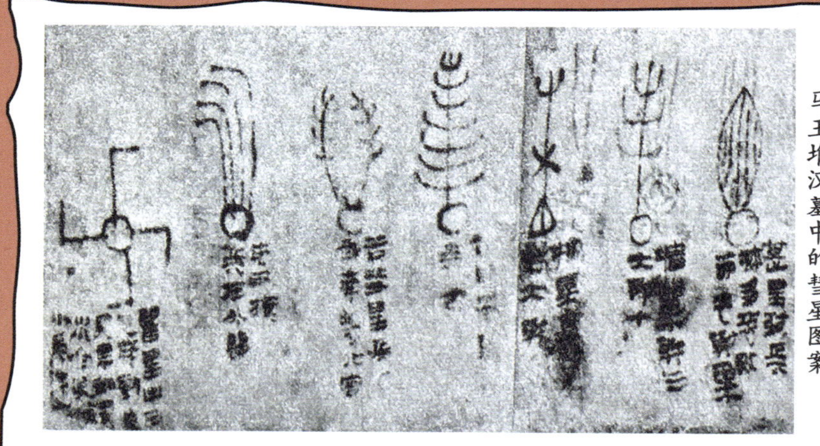

马王堆汉墓中的彗星图案

4 我是一场流星雨

我是一场流星雨，就是昨晚你看到的那一场惊喜。

◎流星雨的自白

我的心里，装着数不清的心愿，都来自凝神仰望星空祈愿的人们：那些想见不能见的期盼，那些揣在心底的细语，还有那些握在手心的温暖。

人们的心愿，有的完成了，有的落空了。亲爱的人，如果你了解了我的前生今世，你或许就不再失望，也不再感激我。但是，我要说出我的一切。

我们流星雨家族，大多来自彗星，是的，你没有看错，就是从古至今、迷信说法里的“扫帚星”。比如英仙座流星雨，源自**一颗叫作斯威夫特·塔特尔的彗星。**

我的颜色，有的红，有的黄，有的蓝，有的紫。我的颜色是由流星体中化学成分的焰色反应决定的。

亮出光的颜色，我便袒露我的人生。如果你看到我的颜色，你就知道我的身体里有什么元素，来自哪里。

？什么是焰色反应？

焰色反应是某些金属或其化合物在无色火焰中灼烧时，呈现出特殊颜色的反应。它是物理变化，反应过程中并未生成新物质。在化学上，它常用来测试某种金属是否存在于化合物中。烟花绚丽多彩，就是利用了该反应原理。

流星雨

雁过留声，人过留名！
我丢，我丢，我丢丢丢！
喂，怎么乱扔垃圾？！
彗星轨道
留下的流星体
地球轨道

呼——好险，还好有大气层！

快看流星雨！
真的！快许愿。

彗星是个脏雪球？

彗星的彗核是由凝结成冰的水、二氧化碳、氨和尘埃微粒混杂组成的，好比一个脏乎乎的冰冻大雪球。这是科学界“彗星就是脏雪球”的理论，倒是和“扫帚”无意中建立了关联。彗星在接近太阳时，会分裂出一小块一小块的“流星体”，小如尘埃，大如卵石。它们一直留在彗星的轨道上。当地球路过彗星遗留的碎片带的时候，碎片撞入大气层，因为摩擦而燃烧。

地球穿越彗星轨道时可能引起流星雨

彗星

彗星轨道

地球轨道

彗星遗留在轨道上的碎屑

原来流星雨就是彗星留下的垃圾，被我们地球扫过……

有时候我还会被叫错名字。这是怎么回事呢？原来因为透视的缘故，地球上的人们会误认为流星雨是来自星空中的同一点，就比如昨晚的流星雨看上去像是来自英仙座，我就被称为“英仙座流星雨”。其实，我和英仙座没有半点儿关系！

彗星遗留的大量碎片撞入地球的角度是一致的，它们平行着呼啸而来。但是，因为透视的缘故，看上去却像从星空同一点散发出来的，这个点被称为辐射点。这和你站在火车轨道上望向地平线，两条平行的铁轨在目尽处交会，是一样的道理。

旁观者视角

观察者视角

如同铁轨延伸至远方

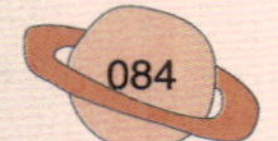

想想这真是一件挺奇葩的事儿，大家忌讳彗星，但我就是“彗星大扫把”上掉下来的渣渣，怎么就浪漫吉祥了呢？

托勒密，近两千年来，忽悠了多少颗少男少女心啊！

寻找流星的浪漫源头

喜欢钻研的人查阅了各种文字记载，终于发现了这种说法的源头。希腊的天文学家托勒密有一天特别无聊，在小本子上写了几句无厘头的话，意思是：天神偶尔会心血来潮看看地球，当他揭开天顶这个锅盖的时候，会有几颗星星从缝隙间闯进来！

托勒密何许人也？

托勒密是地心说的集大成者，他认为地球是中心，各个星体都绕着地球运转。他还制作了历史上最早的世界地图呢（可详见《少年读科学：图说地理学》）！

我看到，很多人闭上眼睛许愿。

智利人看到我的时候，会马上拿起一块石头，许愿；菲律宾人会用手帕打个结，许愿。但是，许愿者必须预备好石头和手帕，愿望只留给有准备的人哦！

其实，我的每一个颗粒只有沙粒那么大，几克重。在进入大气层后就会燃烧，很快在空中燃烬。流星进入大气层的速度是每秒钟几十千米，所以很快灰飞烟灭。流星划过的瞬间，很多时候真的来不及许愿啊，何况有的人还要用手帕打结！

所以，有人叹道：很多事，就像来不及许愿的流星，再怎么美也只是曾经。

如果下次有人约你去看狮子座的流星雨，去还是不去？

流星雨的艺术设计图

篇尾语

小行星带分布在火星与木星之间（5AU），柯伊伯带在海王星轨道之外 (50AU)，它们都是太阳系小天体的聚合地带，来自太阳系形成初期的残余物质。做一个类比，你搓完汤圆之后，桌上还剩下一些糯米粉的碎渣，做不成圆子。汤圆就好比行星和卫星，碎渣好比小行星带和柯伊伯带中的天体。

科学家监视近地小行星，是想预警和防范小行星对地球的撞击。

科学家试图捕获小行星，是想研究小行星带的组成和成因，找出星空里的秘密。

科学家之所以研究柯伊伯带，是因为柯伊伯带是太阳系形成时遗留的残余物，记载了行星形成之初的信息。

科学家为什么要研究 2000AU 之外的奥尔特云呢？它离我们那么远，处在太阳系和邻近恒星系之间的空间里。因为奥尔特云里的彗星所含分子比太阳系还要古老，记载了宇宙更悠久的信息。

海上云的诗

搜星记

趁月黑风高，
在小行星出没处，埋下伏兵。
若有小鸟、土豆和玛芬[1]，
落单，便剪了这伙的径[2]。

若能打包，
就将整个江山装进囊中。
再不济，
也要勒索一小块封地。

而后，从这颗星的身上，
拷问出星空里的秘密。
内外如何对接，上下怎样精控，
再严实的嘴也无法守口如瓶。

既然截了皇杠[3]，
必须留下大名——
“俺们是，程达，尤金[4]！”

师生一刻

能想出一句话安慰冥王星吗？

你失去的只是一个行星的称号，却赢得了整个矮行星家族的爱。

注：

1. 小鸟、土豆和玛芬，是候选抓捕的三颗小行星的名字。
2. 剪径，古文中指拦路抢劫。
3. 皇杠，指地方进献给朝廷的税银或贡品。
4. “程达，尤金”是《说唐演义全传》里程咬金、尤俊达截了皇杠后留下的名字。

05 太阳系

1 太阳系的“好模范”

太阳系的所有成员都已经出场了。让我们看一下全家福吧！

这是个相当和睦稳定的家族，除了偶尔有些外来客或者“调皮”的小行星偏离轨道捣乱外，基本上平安无事。

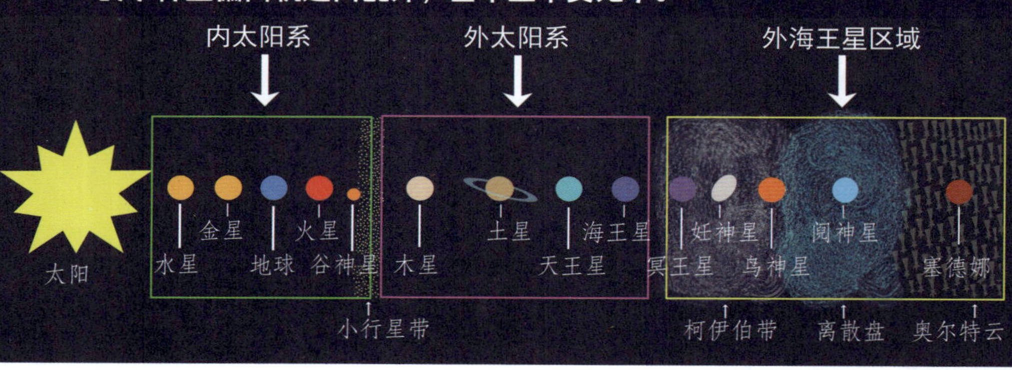

◎混乱时期

太阳系是一直这样稳定的吗？

当然不是。

当科学家分析了从月球上带回来的岩石后，发现它们的年龄大多为 38 亿～ 39 亿岁，低于估计的月球年龄（约 44 亿～ 45 亿岁）。结合月球表面数不胜数的陨石坑来看，这些岩石很可能是外来撞击留下的。因此，科学家认为，在 41 亿～ 38 亿年前，太阳系中小行星漫天。那是一个无比混乱的时期，被称为“后期重轰炸期”。

◎尼斯模型

是什么造成了这样的混乱呢？一个科学家小组提出了一个模型，因为他们来自法国城市尼斯，所以称这个模型为尼斯模型。

尼斯模型认为太阳系形成初期，行星分

你知道吗？

尼斯模型，英文是 Nice Model，谐音一语双关，也有“好模范”之意。

布并不是现在的模样。4 颗气态行星——木星、土星、天王星和海王星，相互之间距离非常近。

行星之间引力的相互制约造成了行星的轨道发生迁徙。特别是木星这个大块头，曾在太阳系内部“流浪”。它的每次“流浪”都是惊天动地的，引起太阳系内的“血雨腥风”：大量聚集的小行星被驱散，它们猛烈撞击水星、金星、地球、月球和火星表面。

尼斯模型还认为，地球上大量的水可能就是当时这个变动带来的。而小行星带的很多天体也是当时行星迁徙时带来的。

尼斯模型虽然仅仅是一个猜想，有很多不完备的地方，但它为我们展示了太阳系曾经动荡的时期，以及那时可能发生的一些事件，让我们更深刻地了解过去。

在科幻电影《流浪地球》中，人们阻止地球与木星相撞。而在遥远的过去，“流浪”的不是地球，而是木星。

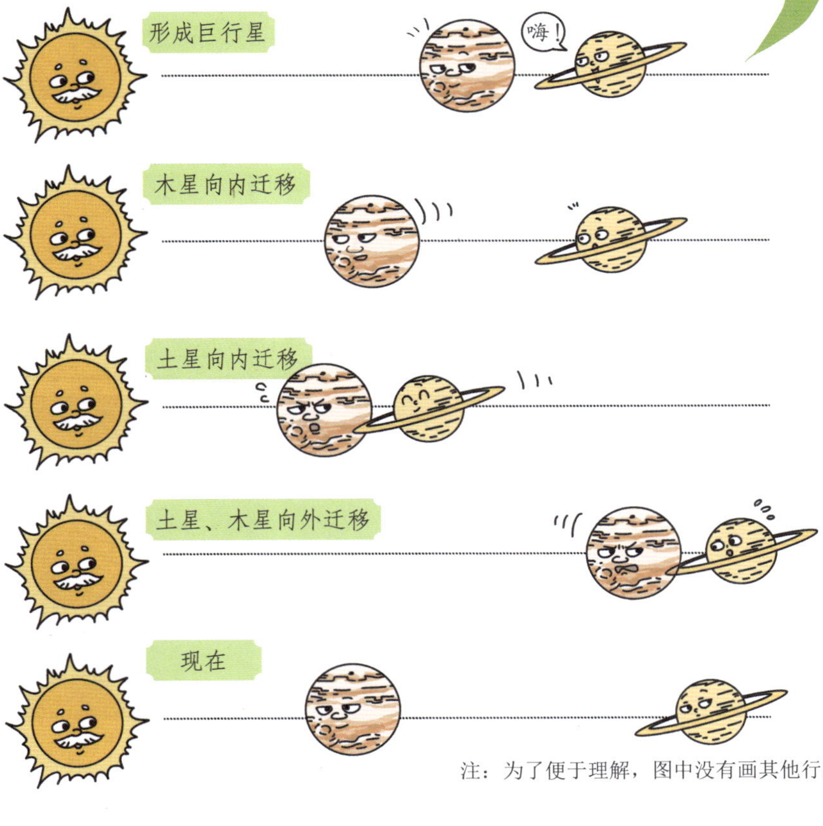

形成巨行星

嗨！

木星向内迁移

土星向内迁移

土星、木星向外迁移

现在

注：为了便于理解，图中没有画其他行星。

木星 VS 土星

二人转的小手绢和抛比萨

详细介绍了各个行星之后，让我们从立体空间看一下太阳系的全家福，并画出各个行星转动的方向。

我们有两个发现。

1 八大行星几乎在同一个平面上绕着太阳公转。它们并不是上下左右乱转的。

2 八大行星转动的方向是一致的，从上面看下去，都是逆时针转动。

被踢出行星行列的冥王星，轨道很特别，和八大行星不在一个平面上，我们后面会解释到。

太阳系各大行星公转轨道平面的角度差

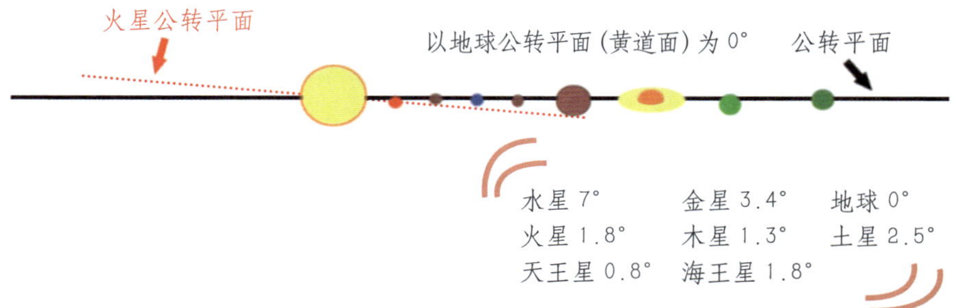

◎角动量与公转平面

为什么太阳系中的行星如此有序地公转呢？

这和恒星系的形成有关，也是科学家提出“星云盘”理论的根据。

当原始的星云聚集、转动，形成星云盘时，星云盘的本身是薄薄的，在一个平面上。之后形成的原始太阳和原始行星也都在这个平面上保持旋转。

这就好比比萨饼师傅抛起旋转的面饼，或者是二人转演员飞舞旋转的手绢，面饼和手绢在一个平面上旋转。因为旋转的角动量存在，所以可以飞得很稳。

日月篇中讲到，角动量是描述旋转的物理量。一个旋转的物体，在没有外力矩干扰的情况下，会保持同一个角动量方向。这也是自行车在行驶时可以保持直立稳定，而停下来时会倒下的原因；而物体转动得越快，它的角动量就越大，想改变其方向就需要更大的力矩。

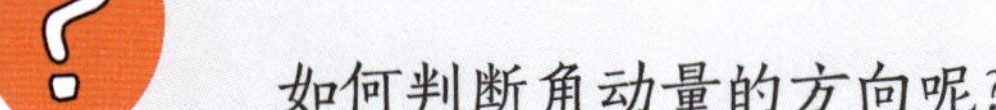

如何判断角动量的方向呢?

这就要用到右手定则。伸出你的右手，让四根手指顺着旋转的方向，那么，大拇指的方向就是角动量的方向。

我们再来看，太阳的自转，地球的自转、公转，月球的自转、公转，它们角动量都和太阳的北极指向大致一致。其余各大行星的公转方向也是如此。这些同方向的角动量来自太阳系形成初期的原始角动量，都是同一方向的。

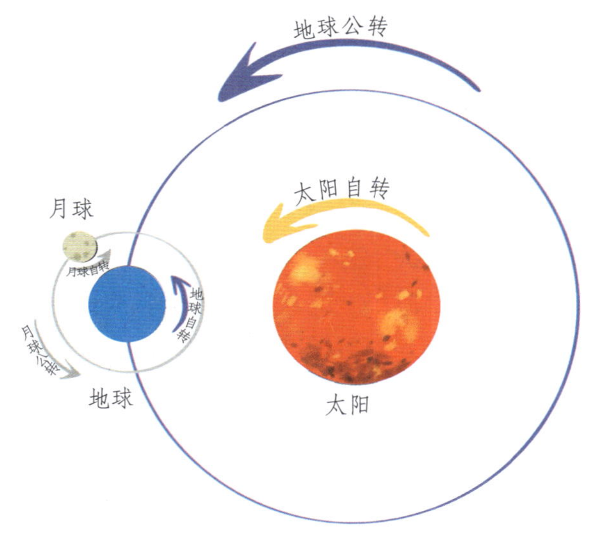

为什么冥王星不走“寻常路”？

冥王星这颗被降级的矮行星，为什么它的轨道偏离其他行星的轨道平面？因为它在太阳系偏远的地方，太阳引力作用比较弱，在某个时期受到了其他天体的干扰后，从原先轨道上走偏。

3 四季舞厅的众星相

如果在太阳诞生之后没有意外，太阳系中八大行星自转的角动量的方向应该都是0°，和太阳的北极一致。

但是，实际情况并非如此。

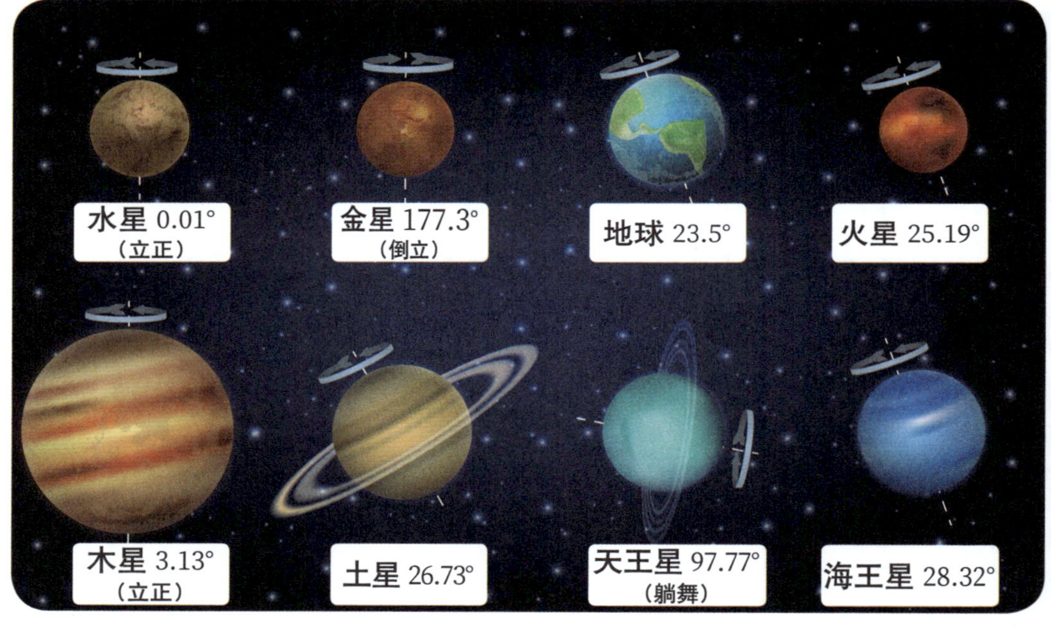

水星的自转倾角确实接近 0°，那是因为它离太阳最近，受太阳引力影响最大。

地球、火星、土星、海王星都有 20° ～ 30° 的倾角。部分天文学家猜测地球的倾角是忒伊亚碰撞造成的。由于太阳系形成过程中的混乱时期（见第 091 ～ 092 页）和可能的撞击，这几颗行星自转倾斜也是可以理解的。

最奇怪的是倒立旋转的金星和横躺着旋转的天王星。部分天文学家仍然把责任归于未名天体的碰撞。

这是未名天体第几次在本书中登场了？

倾斜角度的不同会对行星的气候造成不同的影响。倒立旋转的金星的四季没什么不同，但天王星的四季就和别的行星完全不同，甚至是颠覆性的。

1 当天王星的北极对着太阳时，北极一直被太阳照射，北半球处于夏天，而且太阳永不落；而此时南极一直背朝太阳，南半球处于冬天且一直是黑夜。98°的转角造成其赤道附近的一小块地方才有昼夜的更替。这样的季节一直会持续 21 个地球年：北半球连续 21 个地球年对着太阳，都是白天，没有黑夜！这是多么神奇的季节。天王星北半球的上一个夏天是 1944 年，而下一个夏天要到 2028 年才会出现。

2 21 个地球年后，天王星绕着太阳公转 1/4 圈，此时赤道对着太阳，自转一周就是一昼夜。这时天王星的秋天也将持续 21 个地球年。它的下一个秋分，在 2049 年。

3 当天王星的南极对着太阳时，南极一直被太阳照射，是南半球的夏天，同样太阳不落，一直是白昼；而此时北极一直背朝太阳，是北半球的冬天，而且一直是黑夜。北半球连续 21 个地球年背对着太阳，都是黑夜，没有白天！

结合第 056 页的天王星自转、公转时间来思考和理解这一点吧！

天王星的四季

现在是北半球的白昼时间。
N

N
我只有赤道附近一小块地方才有昼夜的更替。

我绕太阳一圈要84个地球年。
周期真长啊……

北半球的下一个夏天要到2028年才会出现。
N

天王星的一个季节就是 21 个地球年，而从人类开始研究天王星的季节变换起，到现在还不到 84 个地球年。也就是说，人类到现在还没有看到过天王星的完整四季。

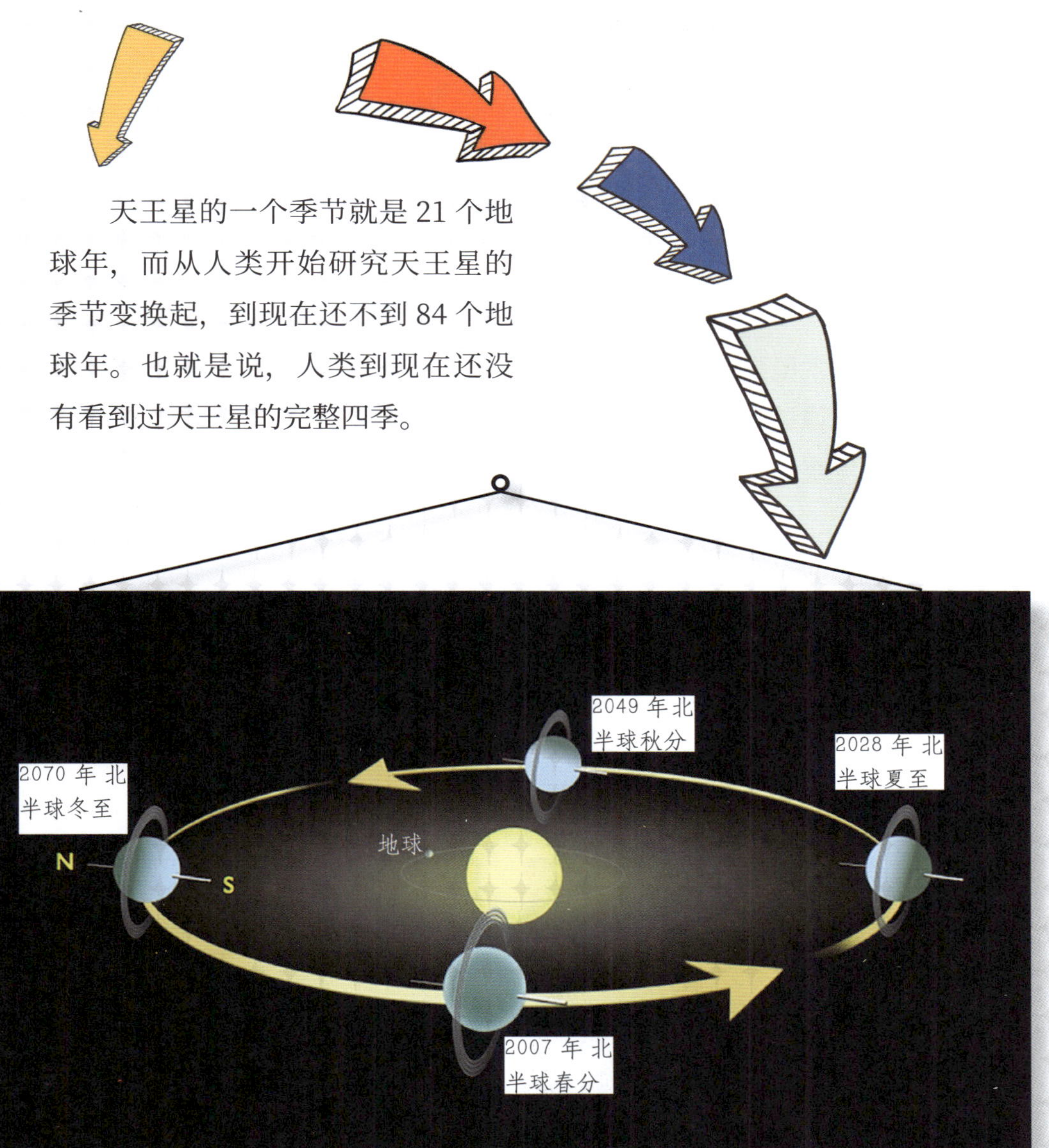

天王星的四季

（版权说明：NASA，ESA，and M. Showalter）

4 卫星大比拼

1610 年 1 月 7 日，伽利略通过他新发明的望远镜，发现木星旁边始终有 4 个小的光点，它们几乎排成了一条直线。连续几个月的跟踪使他确信，它们都在绕木星转动，像月球绕地球那样，所以应当是木星的卫星。

这在天文学上是件惊天动地的事，佐证了哥白尼的日心说：

1）星球并不都是围着地球转的。

2）地球不是宇宙的中心！

3）还有星球绕着行星转动。

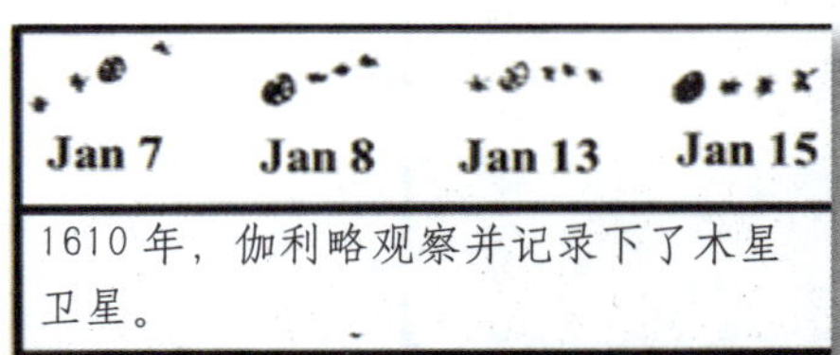

1610 年，伽利略观察并记录下了木星卫星。

4 颗木星卫星的真实面貌

◎木星卫星的命名

为了纪念伽利略，人们把木星的这 4 颗卫星命名为伽利略卫星。除了木卫二欧罗巴略小于月球外，其他 3 颗都比月球还大。而欧罗巴则是天文学家的最爱，因为它上面分布着海洋，是由真正的水形成的。许多迹象表明，欧罗巴很可能是太阳系中第二个存在生命的星球！

到 2023 年，天文学家在木星周围已发现 95 颗卫星，其中 57 颗已被正式命名。

行星的天然卫星有三个可能的来源机制，还记得吗？（详见第 009~011 页）

甩 行星形成的过程中有一个旋转的星盘，卫星也在其中生成，之后被甩出去。

抢 用引力捕获“流窜”经过的天体。

撞 行星被其他天体撞击后，一些碎片形成了卫星。

◎大家的卫星

没有卫星

水星和金星是没有卫星的。这是因为它们的轨道离太阳太近了，无法和卫星一起形成一个独立的系统，即使在其形成初期可能有卫星，也会被太阳吸引过去，灰飞烟灭了。

1 颗卫星

再分析地球。虽然月球受太阳的引力是受地球引力的两倍，但是，因为地球距离太阳足够远，所以月球仍能成为地球的卫星。太阳实际上是吸引着整个“地月系统”转动。由于条件太苛刻，地球只有一个天然卫星存在。

2 颗卫星

再远一点的火星有两颗卫星。一般行星拥有一两颗卫星是很平常的。火星的两颗卫星，以神话中战神的儿子福波斯和戴摩斯命名，形状像榛子。

多颗卫星

木星和土星等巨行星因为自身体积庞大，再加上与太阳的距离更远，为自身周围存在卫星创造了条件，所以有多颗卫星存在：木星（95 颗）、土星（146 颗）、天王星（27 颗）、海王星（14 颗）。即使是冥王星这样的矮行星，也有 5 颗卫星——“天高皇帝远，行星称大王”。

海老师，又要考文史知识吗？

我承诺了不再考，所以就不一一列出这些名字了。

◎给卫星起名字

再来看看这些卫星的名字。从火星和木星的卫星命名，我们大概可以摸索到天文学家命名卫星的脉络——和代表该行星的神的家人或浪漫史有关。海王星的周围是与海洋有关的各路神仙，土星的卫星多以泰坦神族的成员命名（泰坦为巨人之意）。

一个例外

天王星卫星的起名是个例外。它没有以神话人物命名，而是以莎士比亚和蒲柏的戏剧人物命名。《罗密欧与朱丽叶》《威尼斯商人》《哈姆莱特》里的人物纷纷登场，在天王星的卫星轨道上空，上演一出出经典的戏剧，给枯燥和寂寞的星空增加了一份趣味和精彩。

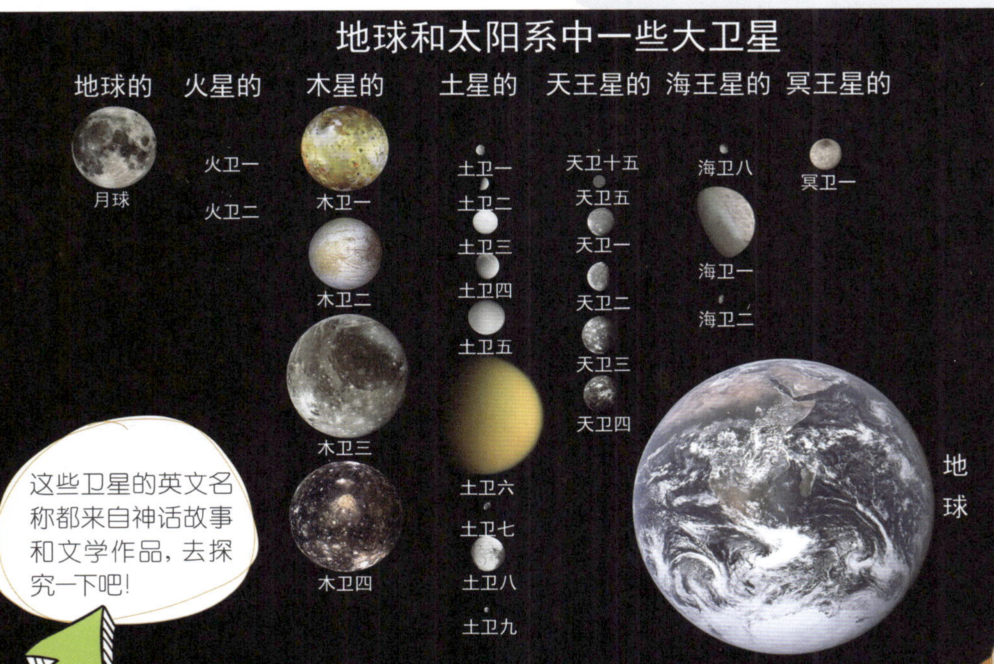

“旅行者 1 号”探测器在距离地球 60 亿千米远（40.5AU，外海王星区域）的太空回望，拍摄了地球照片。找到我们在哪里了吗？

篇尾语

物理学家卡尔·萨根在《暗淡蓝点》中有一段深情的文字：

> 再来看一眼这个小点。就在这里。这就是家。这就是我们。在这个小点上，每一个你爱的人，每一个你认识的人，每一个你听说过的人，每一个人，无论他是谁，都曾经生活过。
>
> 我们所有的快乐和挣扎，宗教信仰，思想体系，观念意识，经济原理……
>
> 每一个猎人或征服者，每一位勇士或懦夫，每一个文明的缔造者或摧毁者，每一位君王或农夫，每一对陷入爱河的年轻伴侣，每一位为人父母者，所有充满希望的小孩，发明家或探险者，每一位灵魂导师，每一个腐败的政客，每一个所谓的超级巨星，每一个所谓的伟大领袖，每一位我们人类史上的圣人或是罪人……
>
> 我们的一切一切，全部存在于这样一粒悬浮在一束阳光中的尘埃。

很遗憾的是，并不是所有的人都能有这样的感悟，也并不是所有的人都接受他的观点。这个星球上每天发生着无数的争斗、人为的灾祸和人与人的互害。所有的一切，都是尘埃中的尘埃。而这样的尘埃，落在一个人身上，却是一座大山。

在宇宙面前，人类很渺小；在芸芸众生中，个人很渺小。前者让我们能跳出时空冷静看透千年沉浮之后，发现自己的与众不同；后者让我们清醒地认清生活的真相之后，依然拥有悲悯之情。

暗淡蓝点，是我们的家。

寻星记

（一）众行星

从五到九，
星空里没有九五之尊。

仰俯于天地间，
望得愈远，审视内心愈深。
我们都是淡淡的星尘。

是什么样的机缘，
才能如此之近，如此之远，
才能如此遇见，如此对着同一颗恒星相望。

（二）冥王星

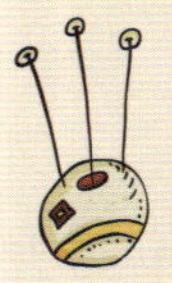

七十六年，
在人间，可以见证从初见到白首，
可以感叹无数的聚散无常。

所谓的荣衰，所谓的跌宕，
你只悠然远观。

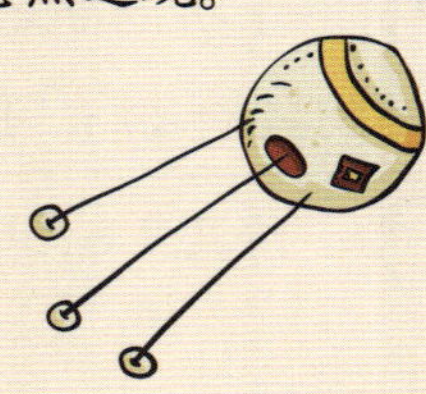

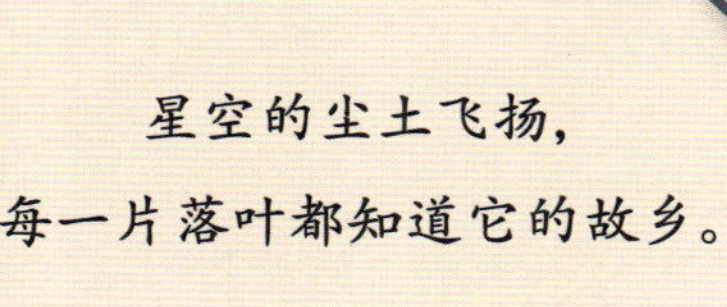

星空的尘土飞扬，
每一片落叶都知道它的故乡。

无意误入红尘一回，
千年之后，你还会保留着那个名字。
在文卷里，在记忆里，在声声呼唤里。

（三）行星 X[1]

你是否仍在我的星空，默默守望？
那一颗滚烫的心，
并没有被亿年的离愁冻伤。

我们的前世都来自，
宇宙的尘埃，
一起经历碰撞、燃烧和离殇。

我的骨骼里，
留有曾与你相遇的印记。
我的天空里，
刻着来世相会的密语。
——可你，现在哪里？

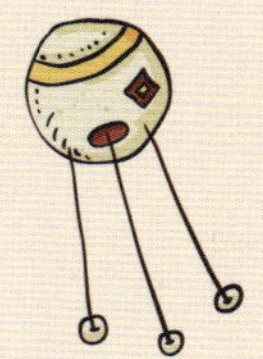

注 1：有的科学家认为太阳系中仍然有第九颗行星存在，称为 X。

师生一刻

如果地球像木星一样有95颗卫星，会出现什么问题？

不同文明的月份定义不一样。95个粉丝群，天天吵。

有什么好处？

睡不着可以数月亮。

06
恒星篇

1 一生也无法抵达的最近邻居

我们来看美国国家航空航天局（NASA）发射的这些太空探测器。它们已经完成对行星的观测任务，正在向深太空飞去，目标是太阳系的邻居——另一个恒星系。

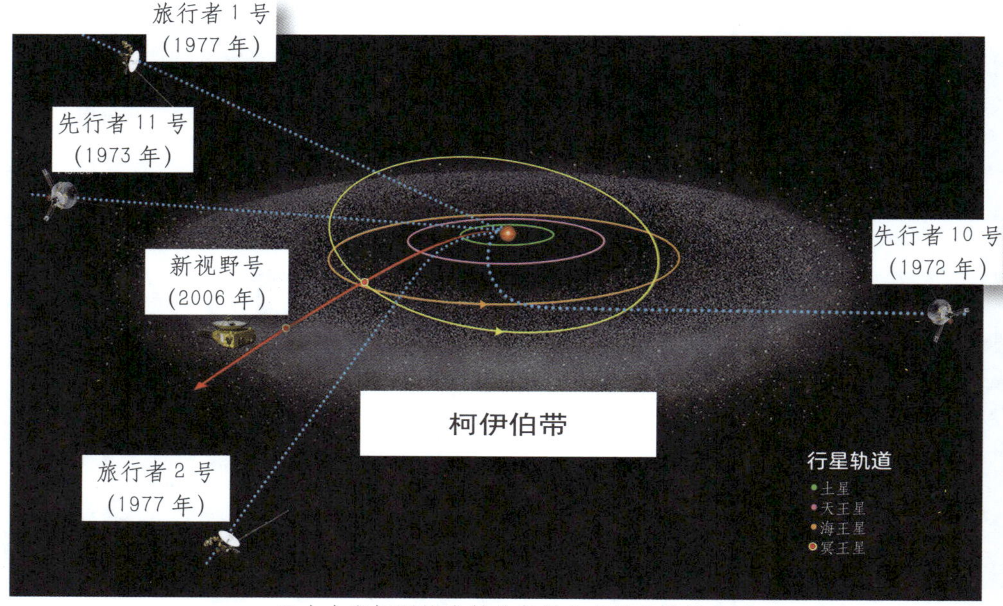

五大太空探测器发射的年份和当前的位置

（版权：NASA/Johns Hopkins APL/Southwest Research Institute）

到了现在的位置，AU 这样的距离单位显得太小，我们需要升级，用光年来表示。

光年

1 光年就是光在一年时间里走过的路程。

1 光年 (ly) = 9.46×10^{12} 千米

光的速度有多快？

光 1 秒钟可以绕地球 7.5 圈；1.255 秒钟可以从地球飞到月亮；8.3 分钟可以从地球飞到太阳（波音 777 需要 18.8 年才能飞到）。

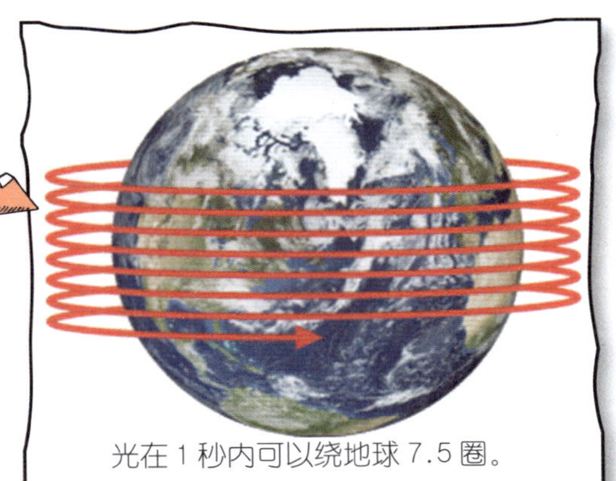
光在 1 秒内可以绕地球 7.5 圈。

我们太阳系最近的恒星邻居是比邻星，距离我们有 4.246 光年！

那得绕地球多少圈？ 10 亿圈！

据估计，1977 年发射的“旅行者 1 号”探测器将在 1.6 万年之后，到达比邻星！

你是不是对“天涯若比邻”有了另一番体会？

我感受到，“比邻”比“天涯”更遥远！

◎邻居的恒星系统

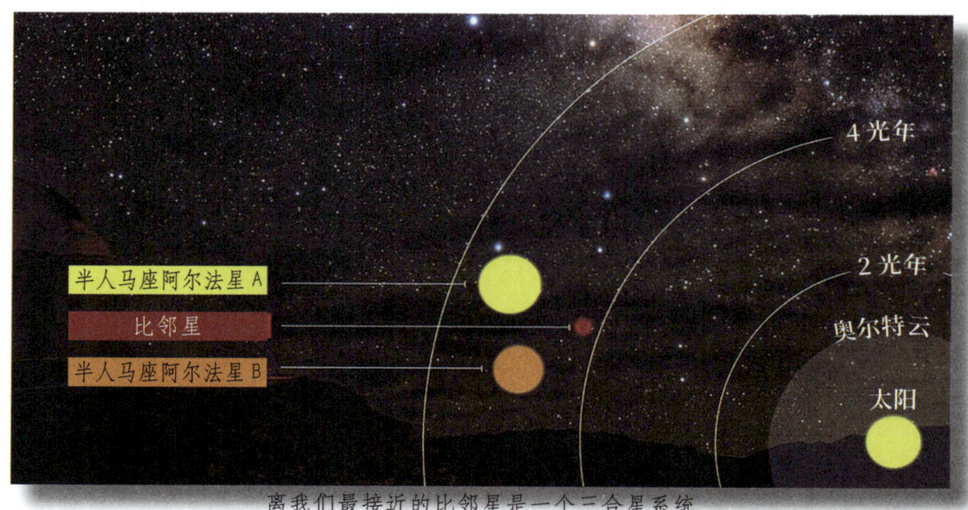

离我们最接近的比邻星是一个三合星系统
（版权：PALE RED DOT/ESO；BACKGROUND：A. FUJII/ESO）

太阳系只有太阳一颗恒星，而比邻星所在的恒星系统，里面有三颗恒星，称为三合星系统。

老大叫半人马座阿尔法星A，老二叫半人马座阿尔法星B，老三比邻星是最小的一颗恒星。

半人马座阿尔法星A的质量是太阳的1.1倍，和太阳一样属于黄矮星，半人马座阿尔法星B的质量是太阳的0.9倍，是橙矮星。

比邻星最小，是一颗红矮星，质量约为太阳的1/8，表面温度在3000℃左右，所以它的热辐射和光线都不强。

想要知道黄矮星、红矮星和橙矮星是什么吗？后文“恒星比大小”中揭晓。

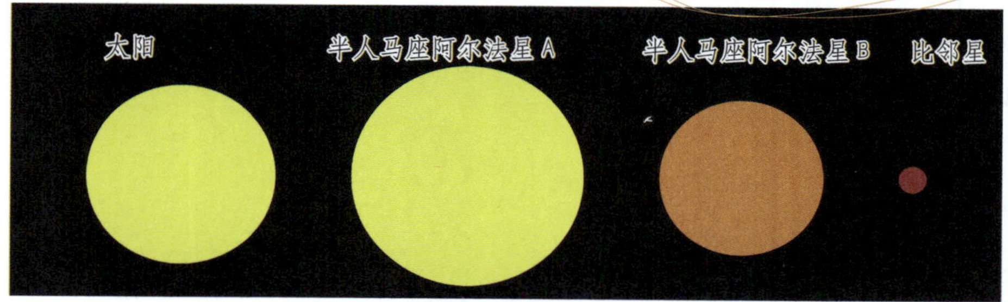

太阳与比邻星“兄弟”比大小

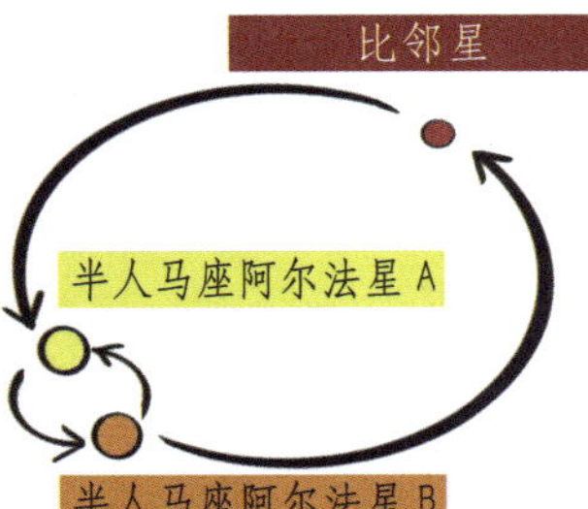

三颗恒星是怎么运行的呢?

两颗质量接近的恒星互相环绕转动，好比两个跳“摇摆舞”的大人，快乐地转着圈子。而质量小的比邻星就像一个小孩，也和大人组互相环绕转动，转一个更大的圈子。

你知道吗？

三颗恒星的三人舞：半人马座阿尔法星 A、B 双星相互环绕飞行，再与比邻星相互环绕飞行。

◎比邻星

比邻星在科幻电影《流浪地球》中也担任了一角。人类携带地球逃离太阳系，最终的目的就是到达比邻星，并围绕这颗恒星生存下来。

由于比邻星体积较小、温度较低，所以宜居带也相对更靠近它。如果我们的地球来到比邻星附近，需要距离比邻星约 632 万～1220 万千米（比水星离太阳更近），地球的表面才会有适宜的温度，水才能保持在液态。

如果地球真来到比邻星附近的话，还要面对两个问题。

1

在比邻星的外围轨道上有一颗行星，叫比邻星 b，它恰好也在宜居带内，其质量是地球的 1.3 倍。它能容得下地球吗？

2

科学家在一次观察中发现，比邻星不稳定，会突然爆“亮”，7 秒钟之内亮度暴增了约 1.4 万倍。如果把地球放在比邻星 b 的位置，那么比邻星发一次“大脾气”，足以将地球变成人间炼狱。地球上的生物吃得消吗？

VS

流浪的地球 VS 比邻星 b（艺术图）

（版权：NASA）

去往比邻星……

终于到达了！
比邻星b
比邻星

终于到达比邻星了！太好了！
我们有了新的太阳！

哼，比邻星可不是个好脾气的恒星。你受得了吗？
唔呀呀，我火气很大！

◎飞往比邻星

“旅行者 1 号”探测器将在 1.6 万年之后到达比邻星。

那么，我们真的只能在万年之后才能近距离了解比邻星吗？

未必！科学家正在开发一种微型宇宙探测器，只有电脑芯片大小，仅几克重，将其安装在太阳帆上，利用地面激光可以令其加速到光速的 20%，并以此速度平稳飞行。如果能够克服技术难点，这些微型宇宙探测器将用 20 多年的时间飞到比邻星，再用 4 年时间将近距离拍摄的比邻星图像发回到地球（因为电磁波信号的速度是光速， 4.246 光年的距离只需要 4.246 年就走完了）。中国也在 2019 年开始了太阳帆的太空实验。

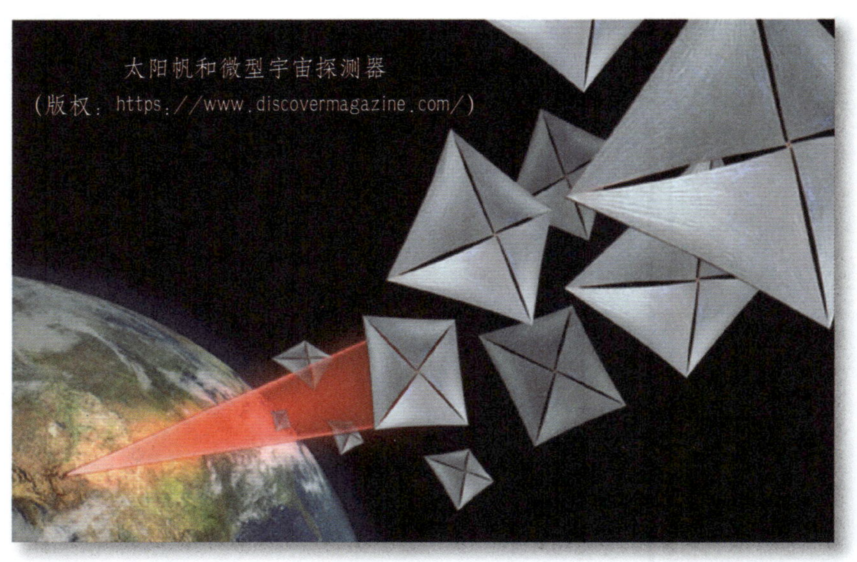
太阳帆和微型宇宙探测器
(版权：https://www.discovermagazine.com/)

太阳帆是什么？

太阳帆，也称为光帆，使用薄膜镜片，以激光的辐射压作为推进力。激光“打”到太阳帆上，会产生压力，虽然这个力很小，但在太空中没有空气阻力，激光对太阳帆的加速作用非常可观。

下面这张艺术图里，哪一个是最小的比邻星？

我知道！看上去最大的那个就是。

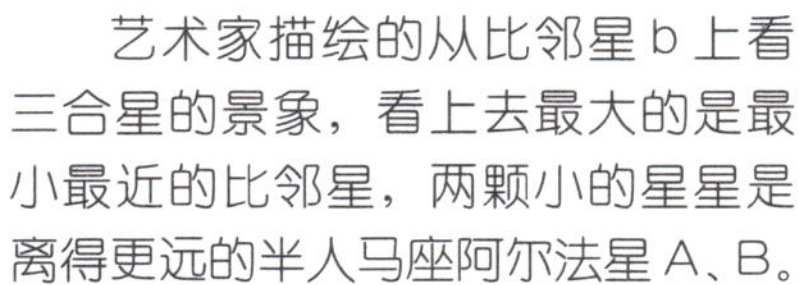

艺术家描绘的从比邻星 b 上看三合星的景象，看上去最大的是最小最近的比邻星，两颗小的星星是离得更远的半人马座阿尔法星 A、B。

变星之脉动

一闪一闪亮晶晶，
满天都是小星星。
挂在天上放光明，
好像许多小眼睛。

科学家在研究星星的时候，发现有一类星，它真的会眨眼睛！只不过它眨得很慢很慢，好几天才眨一下，这类星被称为变星。

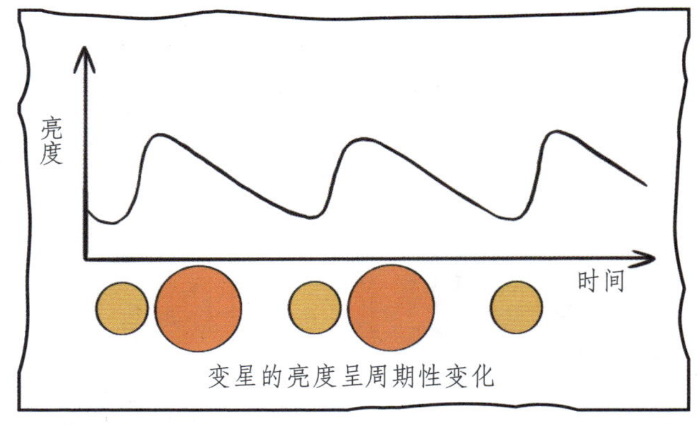

变星的亮度呈周期性变化

◎勒维特的发现

勒维特，美国一位帮助天文学家处理照片的女助手，从 1893 年就开始研究天文台感光板显示出的星体亮度变化。

勒维特仔仔细细比较了 1777 颗变星，并从中发现了一个非常有趣的规律：变星越亮，光强变化周期就越长。

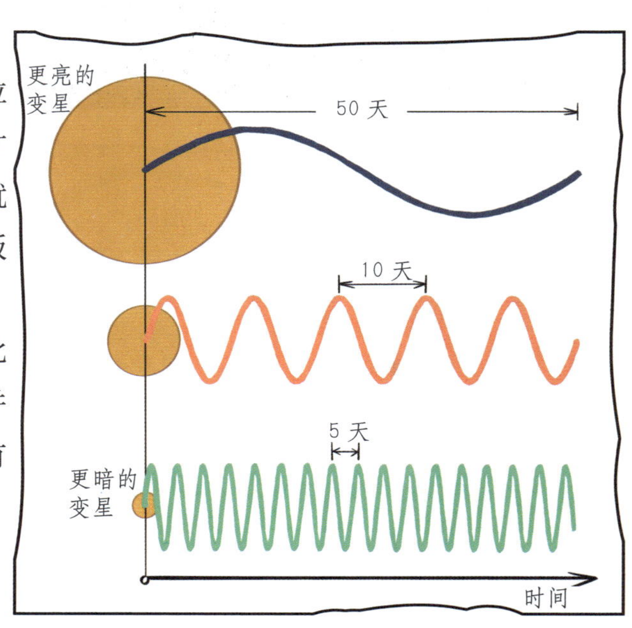

变星的规律

当变星的亮度变化周期和亮度成正比时，这种变星称为造父变星。越亮的变星，变化周期越长。

你知道吗？

小麦哲伦星系是临近银河系的一个星系，距离我们约 20 万光年。

这个规律可以用作测量遥远天体距离的“标准烛光”，是一把“量天尺”：如果我们发现一颗变星，它和小麦哲伦星云中的变星周期相同，但更暗一些，说明什么？这说明，此变星距离我们比小麦哲伦星云更远。

这样我们就可以用这个规律来测量恒星到我们的距离了。

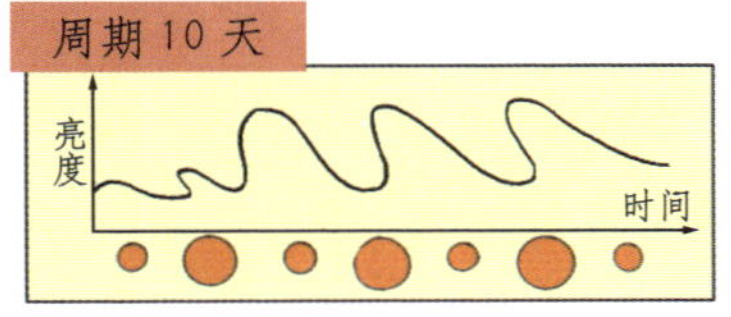

周期相同的变星 A

变星 A、B、C 的周期相同，从图中你能说出哪颗变星离我们最近，哪颗最远吗？

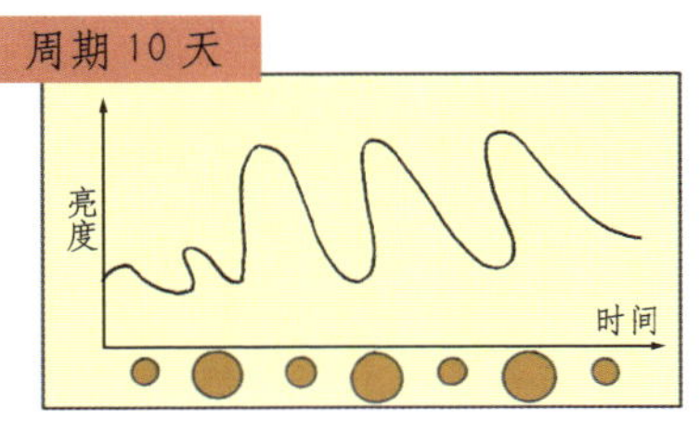

周期相同的变星 C

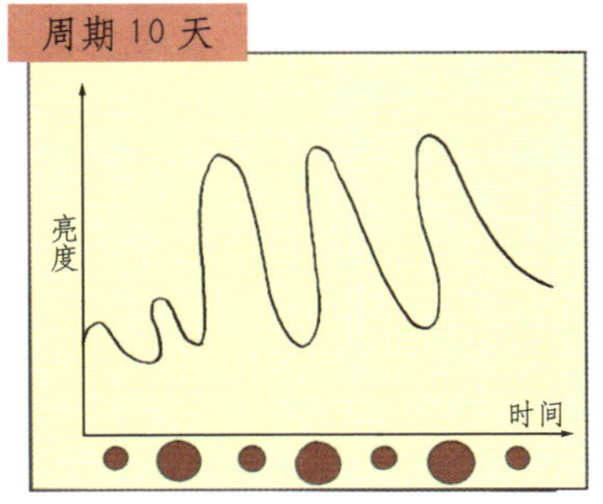

周期相同的变星 B

◎贝尔的发现

在天文史上，还有另一位与勒维特同样贡献卓著的女科学家，她就是贝尔。

1967 年 10 月，在英国剑桥大学休伊什教授门下攻读博士学位的贝尔，在检查射电望远镜的观测记录时，发现了一组周期性的脉冲信号。

“外星人？！”她一开始怀疑这是外星文明向地球发射的信息。但很快她在天空的不同位置发现了多个类似的脉冲信号。

她马上意识到这不是外星人发来的信号，而是一种我们以前不知道的天体。

1968 年 1 月，她和导师一起在《自然》杂志上发表了这个研究。那年她才 24 岁。

后来，人们确认这是一类新的天体，并把它命名为脉冲星。

你知道吗？

射电望远镜接收的不是星光，而是星体发出的无线电波，在人眼视觉频率范围之外。

◎脉冲星

就像一座灯塔，只有当灯塔的“灯光”扫过地球时，我们才能观测到它的脉动。

当一颗约 4 ～ 8 倍太阳质量的恒星演化到末期，其物质会向中心坍缩，然后发生猛烈的爆炸（超新星爆炸）。爆炸的中心，可能会诞生一颗脉冲星。它转速极快，从磁场的两极喷射出强大的电磁辐射流。

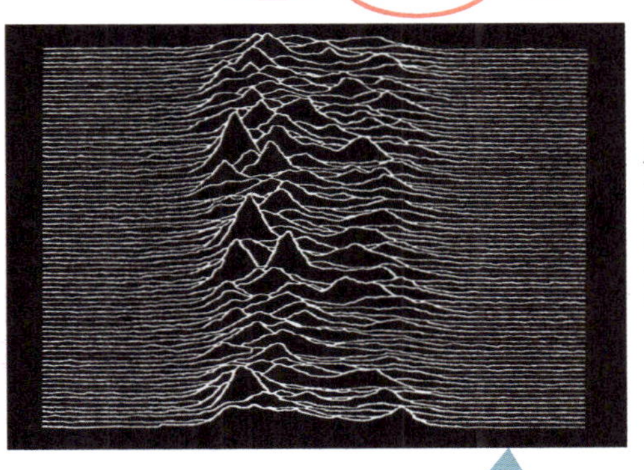

脉冲星的信号

脉冲星很小，直径只有 20 千米左右，但质量比太阳还要大。它的密度有多大呢？一颗蚕豆大小的物质，重 10 亿吨，相当于一座百米高、百米宽、千米长的小山！

你知道吗？

《西游记》里如来佛祖手掌化作五指山把孙悟空镇压在山下。从密度来说，如来佛祖的手或许和脉冲星是一个重量级。

! The No Bell Nobel

1974 年，休伊什教授因脉冲星的发现获得诺贝尔物理学奖，然而获奖名单里没有脉冲星的首位发现者贝尔。

科学界很多人对贝尔未能获奖感到不平，那一年的诺贝尔奖被称为 The No Bell Nobel（没有贝尔的诺贝尔奖）。

剑桥大学

咦，这组脉冲信号是周期性的！难道是外星人在发送？
天文实验室
贝尔

这可是最新发现。我们快把这个研究发表到《自然》杂志上吧。
好的。
休伊什教授

获奖的是来自剑桥大学的休伊什教授。
感谢大家对我的支持……
……
咔嚓
咔嚓
咔嚓
咔嚓

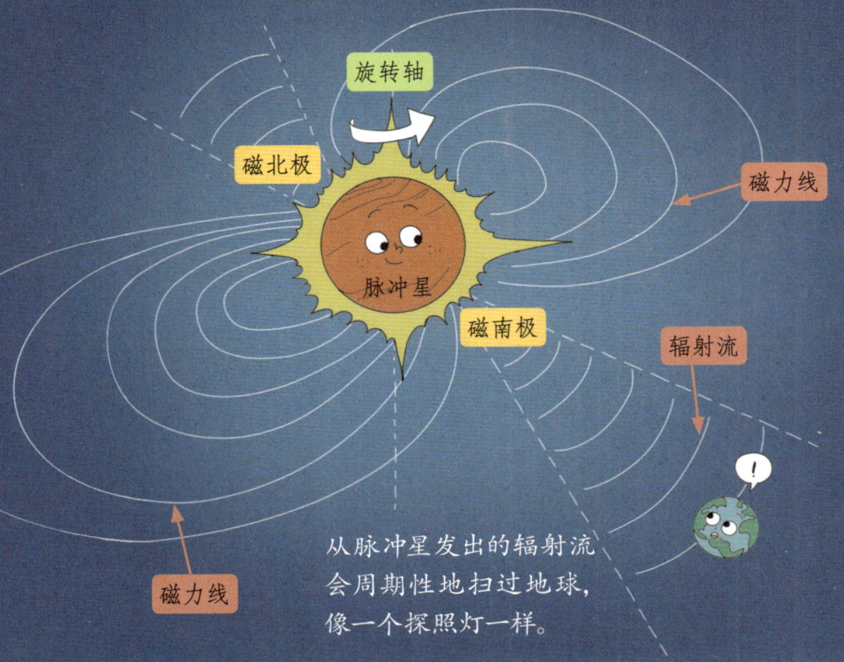

从脉冲星发出的辐射流会周期性地扫过地球，像一个探照灯一样。

（版权：Creative Commons license）

中国天眼

中国“天眼”（500米口径球面射电望远镜）是世界上最强大的脉冲星搜寻利器，截至2023年8月，它已发现800余颗脉冲星。

恒星比大小

恒星在生成过程中，因为条件不同，最后的“个头儿”也天差地别。让我们看看“远亲近邻”的行星和恒星都有多大。

①水星＜火星＜金星＜地球

②地球＜海王星＜天王星＜土球＜木星

③木星＜沃尔夫 359 ＜太阳＜天狼星 A

沃尔夫 359

一颗小且昏暗的 M 型红矮星，位于狮子座内，距离地球约 7.8 光年。

天狼星 A

除太阳外全天最亮的恒星，半径约为太阳的 1.7 倍，距离地球约 8.6 光年，是一颗蓝巨星。

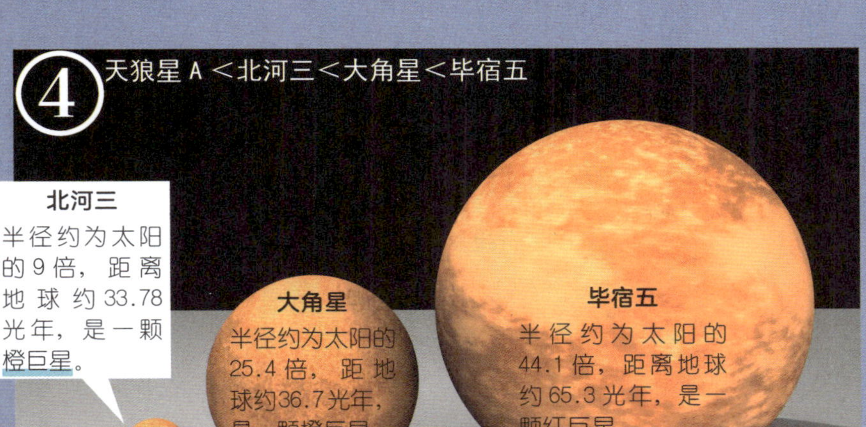
④
天狼星 A＜北河三＜大角星＜毕宿五
北河三
半径约为太阳的 9 倍，距离地球约 33.78 光年，是一颗橙巨星。
大角星
半径约为太阳的 25.4 倍，距地球约 36.7 光年，是一颗橙巨星。
毕宿五
半径约为太阳的 44.1 倍，距离地球约 65.3 光年，是一颗红巨星。

⑤
毕宿五＜参宿七＜心宿二＜参宿四
参宿七
半径约为太阳的 74.1 倍，距离地球约 863 光年，是一颗蓝超巨星。
心宿二
半径约为太阳的 680 ~ 800 倍，距离地球约 550 光年，是一颗红超巨星。
参宿四
半径约为太阳的 550 ~ 920 倍，距离地球约 643 光年，是一颗红超巨星。

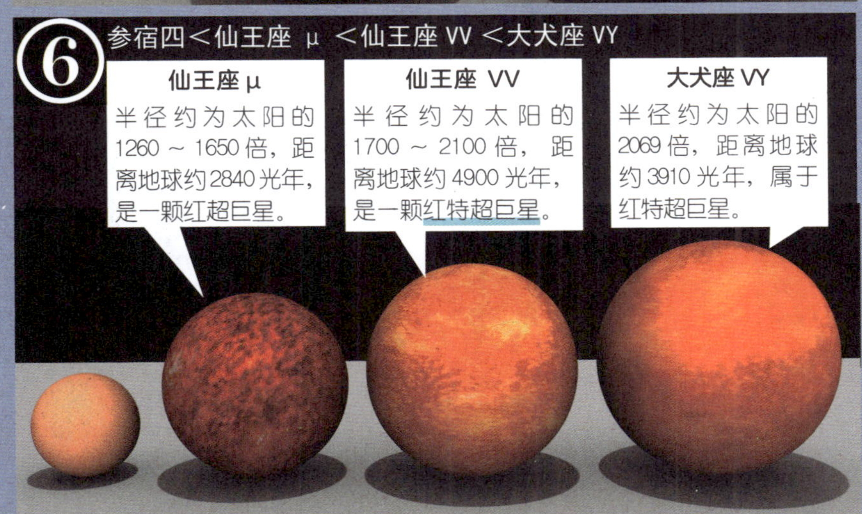
⑥
参宿四＜仙王座 μ ＜仙王座 VV ＜大犬座 VY
仙王座 μ
半径约为太阳的 1260 ~ 1650 倍，距离地球约 2840 光年，是一颗红超巨星。
仙王座 VV
半径约为太阳的 1700 ~ 2100 倍，距离地球约 4900 光年，是一颗红特超巨星。
大犬座 VY
半径约为太阳的 2069 倍，距离地球约 3910 光年，属于红特超巨星。

◎更大的……

盾牌座 UY

距离地球约 9500 光年的盾牌座 UY，在很长一段时间中牢牢占据着“已知最大恒星”的交椅。盾牌座 UY 的半径约为太阳的 1708 倍。如果它出现在太阳的位置，其最外层将触及木星轨道外侧，接近土星。

史蒂文森 2–18

由美国天文学家史蒂文森在 1990 年发现的史蒂文森 2–18，距离地球约 18900 光年，其半径约为太阳的 2150 倍，是人类已知体积最大的恒星，也是最亮的红特超巨星之一。如果把它放在太阳系的中心，它的边缘将吞没土星的轨道。

萤烛之火，岂敢与日月争辉！

小小的萤火虫散发出的那一点点光芒，跟太阳、月亮的光辉根本无法比拟，这句话多用来形容差别太大、不自量力。当太阳面对史蒂文森 2–18 的时候，一定会仰天长叹：“小太阳之火，岂敢与史蒂文森争辉！”

太阳

史蒂文森 2–18，体积和 100 亿颗太阳一样大。

一图说尽恒星命运

之前列出一些典型的恒星时，你是否留意到两类形容词？一类和大小有关，矮、巨、超巨、特超巨；一类和颜色有关，橙，红，蓝、白、黄。

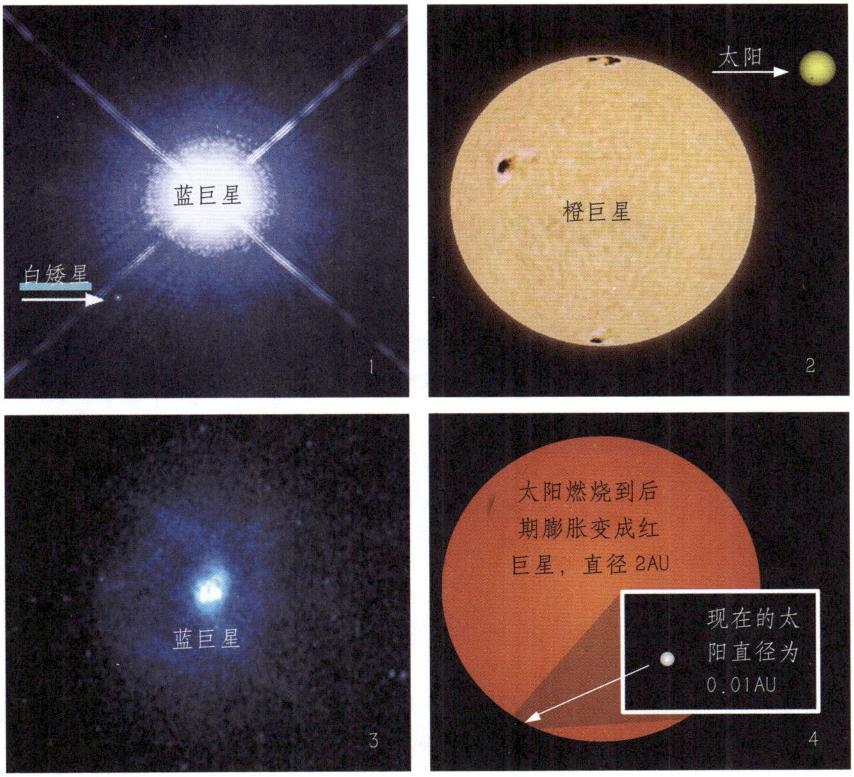

不同颜色的恒星

（图 1、2、3 为公开图。图 4 版权：GNU Free Documentation License）

颜色代表什么？

颜色，实际上代表了温度。“炉火纯青”这个成语，意思是道家炼丹师认为炼到炉里发出纯青色的火焰就算成功了，后来比喻功夫达到了纯熟完美的境界。蓝色的火焰温度比红色的高，这是古代铁匠的经验，也有现代物理学的理论根据。

天文学家看遍群星，观察它们的颜色、温度后，估算它们的距离和亮度。有两位天文学家赫茨普龙和罗素把这些恒星画在二维的坐标中。纵轴是亮度，从下往上递增。横轴是恒星的表面温度，从左向右递减。

这就是画出恒星一生的赫罗图。它主要有四个区域。

第一区域是主星序区：银河系中90% 以上的恒星都分布在从左上到右下的这一条带子上。这个带子上的恒星，温度越高的（越往左），光度就越大（越往上）。这些星被称为主序星，又称矮星。

第二、三区域在主星序右上方：这些恒星的温度和某些主序星的一样，但光度高得多，而且体积庞大，因此被称为巨星或超巨星。

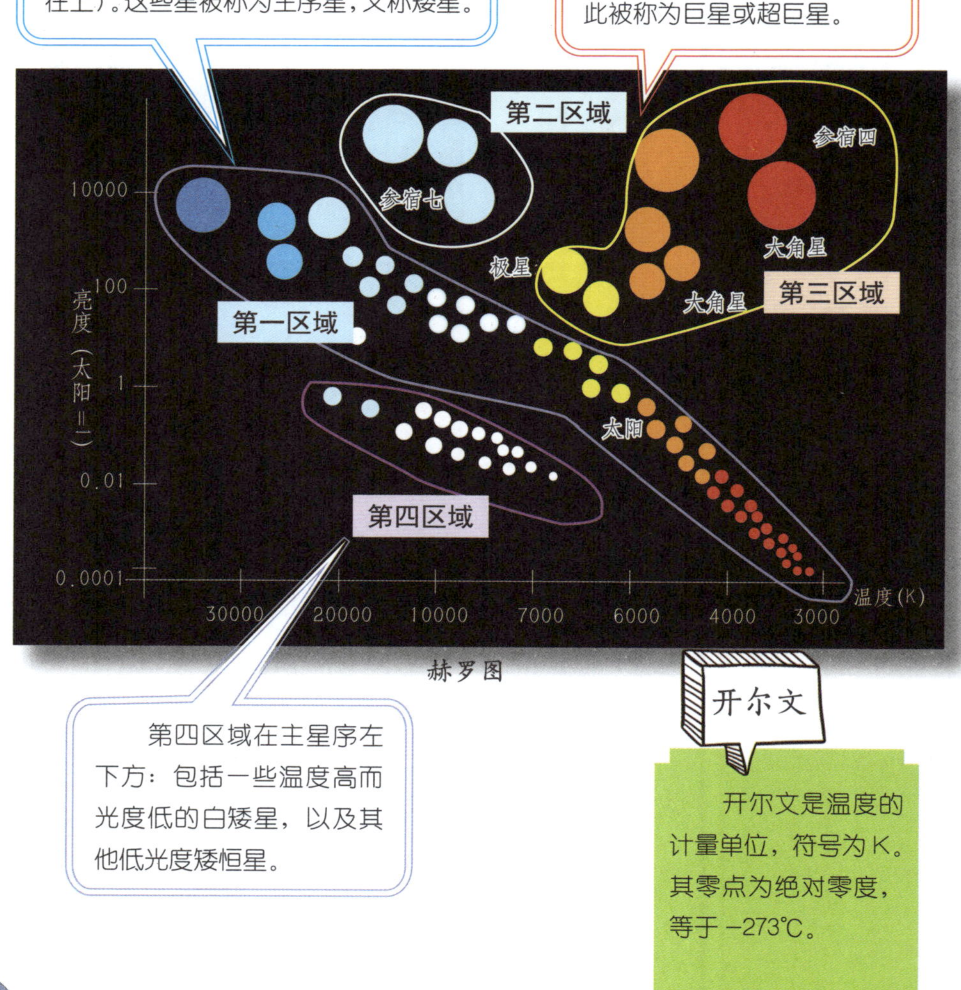

赫罗图

第四区域在主星序左下方：包括一些温度高而光度低的白矮星，以及其他低光度矮恒星。

开尔文

开尔文是温度的计量单位，符号为K。其零点为绝对零度，等于 −273℃。

为什么赫罗图可以告诉我们恒星演变的规律呢？

打个比方。我们看一个鹿群，里面有高低大小、不同年龄的鹿。我们看遍这些鹿，就能知道鹿在各个年龄阶段的生长特征，而不必陪着一头鹿从小长到大才能获得这些知识。

同样地，恒星的年龄都是上亿年的。赫罗图呈现了各个年龄段不同质量恒星的状态，这让我们知道，它们是处在诞生、成长、衰亡的哪个阶段，足以让我们描绘出恒星的一生演变。

由于恒星内部能源的不断消耗，恒星亮度和温度都会发生变化，从而导致它们在赫罗图上的位置发生变化。

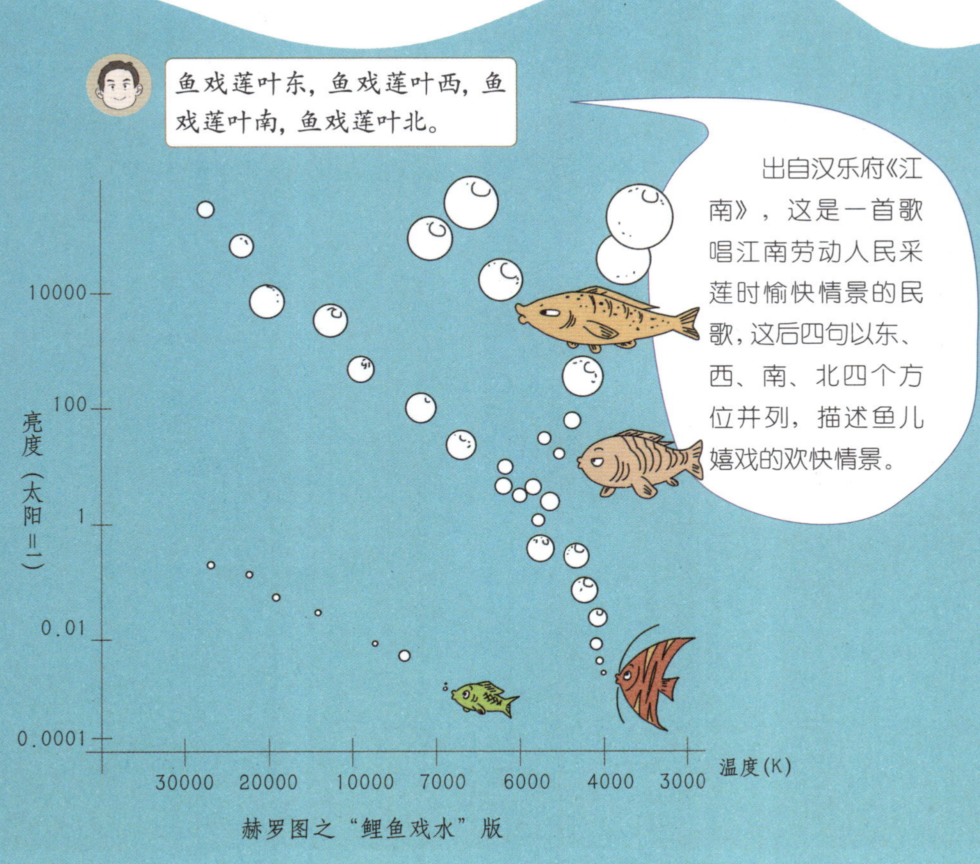

赫罗图之“鲤鱼戏水”版

天文学家根据赫罗图，从理论上给出了恒星从诞生到主序星、红巨星、超新星、致密星体的演化机制和模型。比如太阳，它会在 40 亿年后，变成红巨星，然后在爆炸中抛出外壳的物质，化作一片星云，演变成白矮星，最后，在岁月中慢慢变冷、变暗淡……

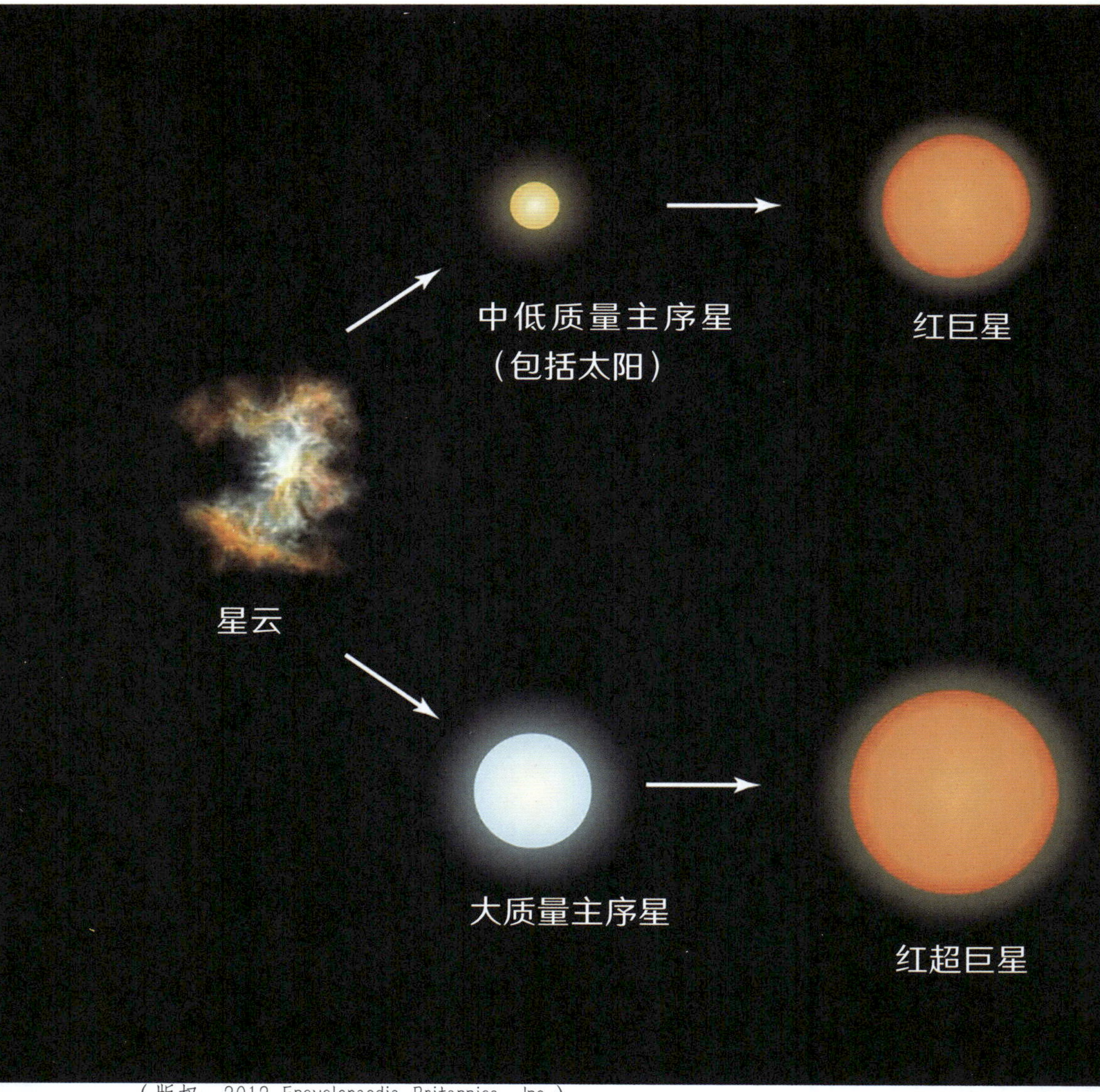

（版权：2012 Encyclopaedia Britannica, Inc.）

恒星的一生已被赫罗图“一图打尽”：
“我一生在图上，被风吹乱。
梦在远方，化成一缕光。”

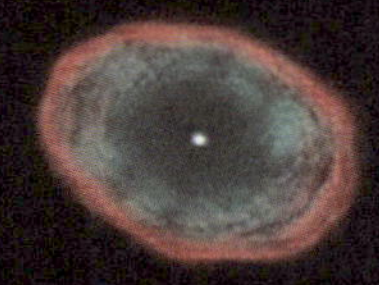

行星状星云

白矮星

大质量恒星

中子星

超新星

超大质量恒星

黑洞

篇尾语

（版权：NASA）

物理学家劳伦斯·克劳斯说：

> 你身体里的每一个原子都来自一颗爆炸了的恒星，形成你左手的原子与右手的原子，也许来自不同的恒星。这实在是我所知道的物理学中最富诗意的事情：你的一切都是星尘。正是因为有的恒星爆炸毁灭了，今天你才能够在这里。

其实，物理学里最富有诗意的事情是：此时相遇的我们，或许来自亿万年前的同一颗恒星，我们的遇见就是久别重逢。几十年之于亿万年，只是短短一刹那，你要善待我，我也更应该好好对你，因为当这颗星球消亡的时候，下一次，我们或许会分属于两颗遥望的星星了。

1995 年哈勃太空望远镜拍摄的天鹰星云中的“创生之柱”，距离地球 6500 ~ 7000 光年，圆柱形的星云中一颗恒星正在诞生。

2022 年 7 月韦伯望远镜拍摄的南环星云照片（距离地球 2000 光年），中红外波段照片显示一对濒临死亡的双星抛射出行星状星云（尘埃和气体壳）。

海上云的诗

太阳的一生

该如何知道你的前尘和未来？
我一生的悲喜，
对你而言只是短短的一瞬。

在赫罗图上找到了你的位置，
刚刚好的亮度，
照耀我眼前的天空，
刚刚好的温度，
暖了阴霾里的梦。

我在茫茫星空的微光中，
找到了你。
创生之柱里的初啼，
粒子汤里的引力舞蹈，
此刻的风华正茂，
激情耗尽后的沉沦。
那一片模糊的星云，
是你最后的告白。

而当我细看气雾中的真相，
才发现，
热血中的铁，骨骼的钙，
和你同源同根。
——我们都来自亿万年前，
同一颗恒星的星尘。

师生一刻

假设此刻比邻星上有个外星人正好架着望远镜看你，他看到的是现在的你吗？

不是，是4年多前的我。那时候，我还在幼儿园……

07

星系篇

1 立于银河的臂膀之上

前面我们看到的那些恒星，有的已经远在几千光年之外了，但是它们还算是我们的近邻，都是我们所在的银河系的成员。

◎俯视银河

有人说银河
跟我很像！

银河，在夜空中发着淡淡而朦胧的光，里面有几千亿颗恒星在闪耀，纵横跨越了 10 万光年的星空。

有人说它像一个舞动水袖旋转的舞女，又像一个转动的大风车。类似水袖和叶片的部分，在天文学上叫旋臂。其实，画在纸上，它更像一只舞动爪子的望潮小章鱼。

太阳系处于银河系的猎户座旋臂上，这是一个比较小的旋臂。我们的近邻比邻星当然也在这个旋臂上，大熊星座的北斗七星也在这儿。

从银河系上空俯视，整个银河系绕着银河的中心（银心）旋转。

（版权：NASA）

这是从银河系旋转方向
上空俯视的银河系坐标

银河旋臂

目前，天文学家们观测到的银河旋臂共有 6 条（4 大 2 小），主要以位于旋臂中的星座来命名，分别是矩尺座旋臂、南十字座旋臂、人马座旋臂、英仙座旋臂、外部旋臂、猎户座旋臂。太阳系位于猎户座悬臂上。

太阳所处的位置距离银心有 23483 ～ 28700 光年，太阳系绕着银心转动的速度约 250 千米 / 秒，转一圈的时间大约为 2.26 亿年，运转的轨道几乎接近圆形。

太阳系自从 46 亿年前诞生，公转尚不到 21 圈。

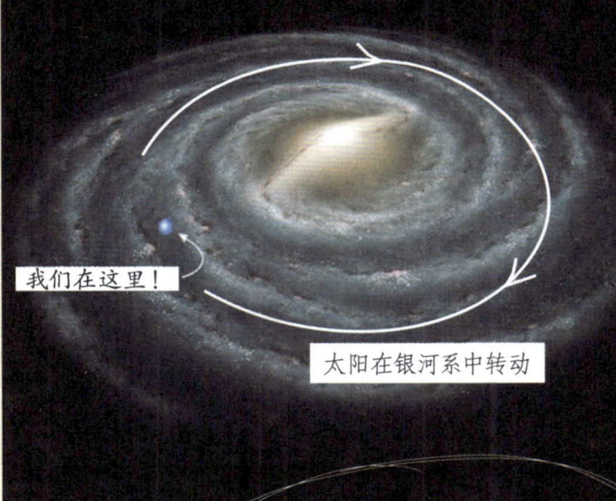

太阳绕银心公转轨道示意图，请根据右手定则，判断一下银河系的角动量是哪一个方向。

◎侧看银河

从银河系旋转平面侧视，银河系就像一个中间凸起、四周薄扁的铁饼。银河的长度和宽度约 10 万光年，厚度约 1000 光年。

新的研究发现，“铁饼”不同区域的恒星年龄不同。和整个银河系 138 亿岁的年龄相比，46 亿岁的太阳显然是年轻的一辈。

我们的邻居

银心

星系盘

银河平面

卫星星系（小星系）

银河系侧视的形状（版权：Lawrence Widrow/Queen's University）

等比例缩小

如果把银河系缩小到太阳系大小（到海王星的范围），此时的月球就和我们平时吃的草莓一样小！

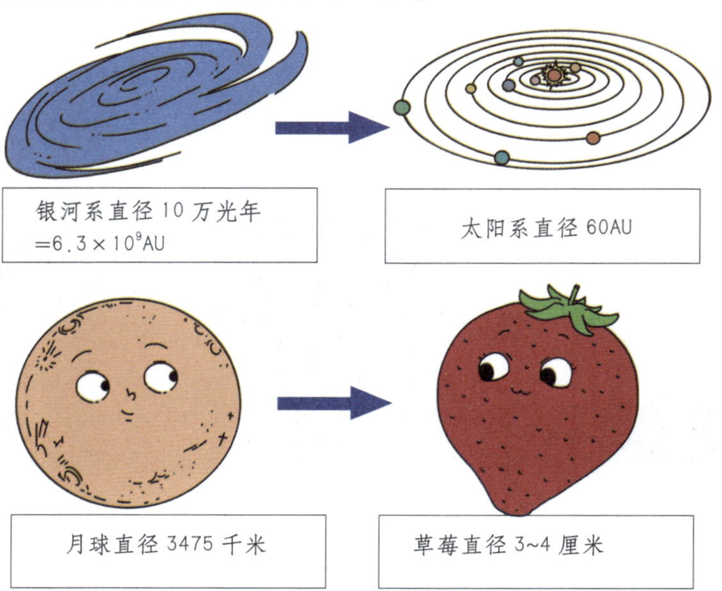

将太阳系绕着银心旋转的运动考虑进来，我们对地球的运动就有了整体的理解。

从侧面观察太阳与地球的运动轨迹，地球偏离银河系旋转平面旋进。

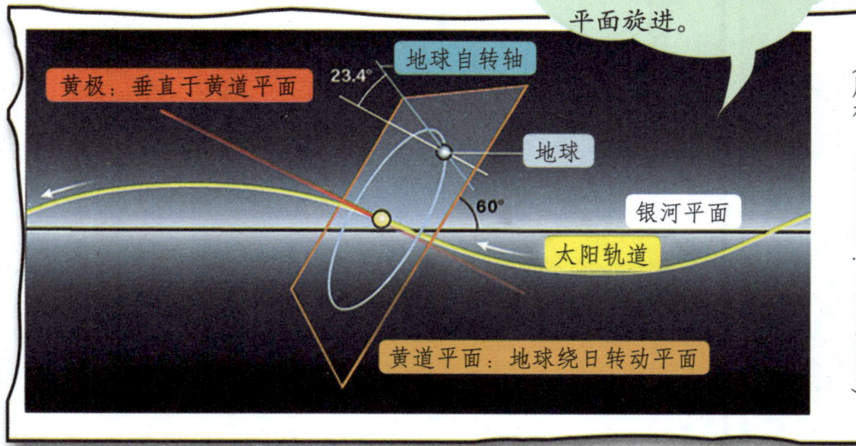

太阳在银河系中的轨迹
（版权：ASTRONOMY；ROEN KELLY）

追逐太阳，太阳系的行星们在银河系中的轨迹
（版权说明：DJ SADHU / YOUTUBE）

八大行星在同一个平面上绕着太阳公转，而太阳自己在绕着银心公转。行星们好像在追逐太阳，就像夸父追日一样。

真的一动不动吗？

如果你坐在椅子上看了1小时的《图说天文学》，以椅子下的地板为参照物，你没有走动。但是，以太阳为参照物，地球已经带着你绕着太阳转了10万多千米。以银心为参照物，太阳带着你绕着银心转了90万千米！

夸父追日

夸父逐日是一则汉语成语，最早出自《山海经·海外北经》。这则成语描述了名叫夸父的巨人奋力追赶太阳、长眠虞渊的故事。比喻征服、战胜自然的坚强决心。

地球绕日公转速度：平均约30千米/秒；太阳绕银心公转速度：平均约250千米/秒。

你在1秒内还没有看完上面两句话，就已经飞越了280千米。

看谁还说你咋一动不动？

学过天文的你是不是感觉脚下生风？

如果你被这个速度惊着了，请坐稳了，继续往后看。

洞察星心

银河的中心究竟是什么？是黑洞。它是时空曲率大到连光都无法逃脱的一种天体，一些大质量恒星死亡后会变成黑洞。

◎光也逃不脱的天体

黑洞最初是爱因斯坦根据广义相对论预言的：星球会造成周围空间弯曲，而有一种天体质量如此之高，就连光也无法逃脱它的引力。

1916 年，德国天文学家史瓦西研究爱因斯坦的相对论，发现如果把星球不断地压缩，压缩到小于某个半径值之后，这个星球就会成为一个奇点，任何进入此范围内的物质都将无法逃出，光也一样。这个半径就是史瓦西半径，这个奇点叫黑洞。

站在黑洞外面，你会发现有一条界线，学名叫作事件视界。在事件视界之内发生的事，你无法探知，因为就连光也无法逃脱。

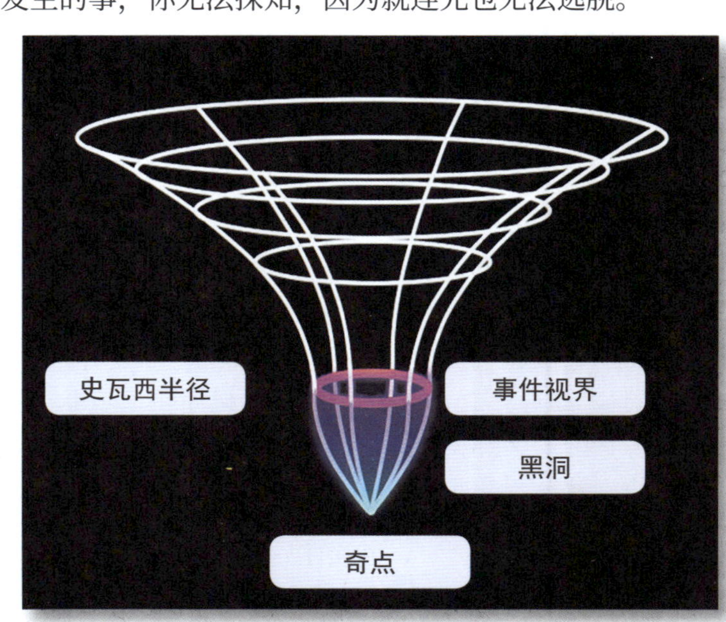

黑洞、奇点、事件视界、史瓦西半径（公开图）

吸积

黑洞强大的引力会将附近的物质拉向自己，那些物质绕着黑洞旋转，最终陷落其中，被黑洞吞噬。这个过程被称为吸积。吸积会形成圆盘状的吸积盘。

喷流

黑洞除了吞噬，还会喷流。它会以接近平行的束状气流，强力射出物质和能量。喷流的速度接近光速，距离甚至可以跨越星系。

黑洞的吸积盘和喷流（版权：Erin Kara，Nature）

◎得来不易的照片

从 20 世纪 80 年代起，科学家一直认为，在银河系的中心有一个超大型的黑洞，直到 2022 年才获得这个黑洞的照片，它位于人马座。

2022 年 5 月 EHT 公布的银河中心人马座 A* 黑洞照片，其质量相当于 415 万个太阳。（版权：EHT Collaboration，Creative Commons license）

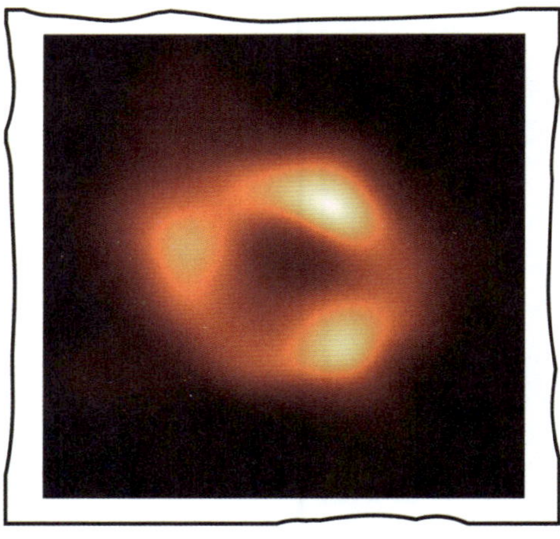

为什么这么晚才观测到呢？因为我们处于银河的旋臂中，太多的星光挡在黑洞面前。我们需要有很强大的望远镜和对测量数据作大量的处理，才能从强光中发现黑洞的真身。

科学家开发了专门寻找黑洞的事件视界望远镜（ETH），这是一台口径等于地球直径的虚拟望远镜！

因为是虚拟望远镜，所以无法像光学望远镜一样立马看到拍摄的照片。2017 年 4 月拍摄获得的数据经过 5 年多的计算机处理，才得到这张黑洞的珍贵照片！

事件视界望远镜有什么不同？

事件视界望远镜并不是一台传统意义上的望远镜，而是将分布在世界不同地方的 8 台射电望远镜联网，一起对准某个方向，联合观测同一目标源并记录下数据，然后进行信号处理。

你知道吗？

同样是射电望远镜，事件视界望远镜和中国天眼的波段不一样，它们捕捉到的东西自然也就不同。

联网的事件视界望远镜相当于口径等于地球直径的虚拟望远镜
（版权说明：ESO/O. Furtak，Creative Commons license）

下一次如果你看到银河，先找到人马座，银河之心就在那里。虽然肉眼看不到，但是你已经知道它的存在。它是银河系的中心，千亿颗太阳的心之所向。

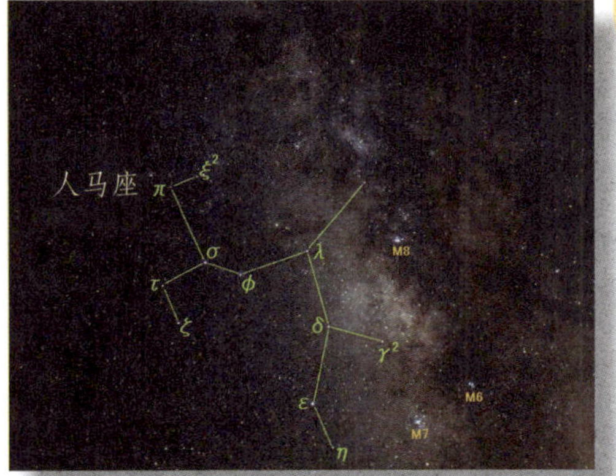

（版权：Christian Bergner，Creative Commons license）

人马座

人马座，又称射手座，古代欧洲人把它想象成一种半人半马的怪兽。人马座A是一个位于银心方向的强烈无线电波源。

◎大胆的猜想

1

根据爱因斯坦的相对论，黑洞周围的时间会变慢。如果去黑洞周围走一遭回来，你依然年轻，而地球上的朋友都垂垂老矣。这是不是有一种在烂柯山遇到仙人或者吃了长生不老药的感觉？

2

当然，你不能离事件视界太近，因为物体接近黑洞的时候会被拉长变形，像做拉面一样，物理学称这种现象为意大利面化。靠近事件视界的你会被黑洞的潮汐力撕裂，并被吸进黑洞，无法逃脱。

长生不老的传说

烂柯山是一个民间传说：有一个樵夫去山里砍柴，见二人下围棋，便坐于一旁观看。一局未终，其中一人对他说，你的斧柄烂了。樵夫回到村里才知已过了数十年。

黑洞的两种猜想

3 走出银河

以太阳为中心的宇宙观，直到哥白尼之后才慢慢被人们接受。而后，太阳在人们的观念中成为宇宙的中心。

◎抽丝剥茧

1915年，美国天文学家沙普利利用勒维特发现的变星规律（详见第118～119页），算出我们银河系的大小和形状，以及太阳在其中的位置。

结果显示，我们的太阳并不在银河系中央，而是在偏远区域。太阳不是宇宙的中心，甚至还不是银河系的中心！

让人类的眼光超越银河系，看得更深更远的，是另一位天文学家。1924年，美国天文学家哈勃计算出仙女座星云中变星的距离，比当时已知的整个银河系还要大。他推测这个仙女座星云本身就是一个星系，而银河系只是组成宇宙的众多星系中的一个，并不是宇宙的中心！

这个仙女座星系其实很容易找到，它就是飞马座旁边的光斑。

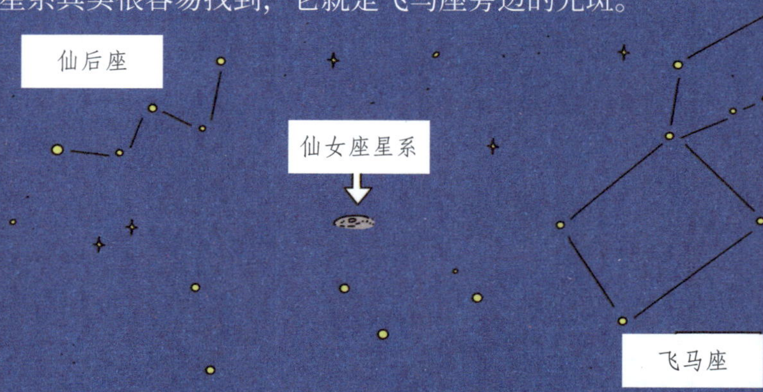

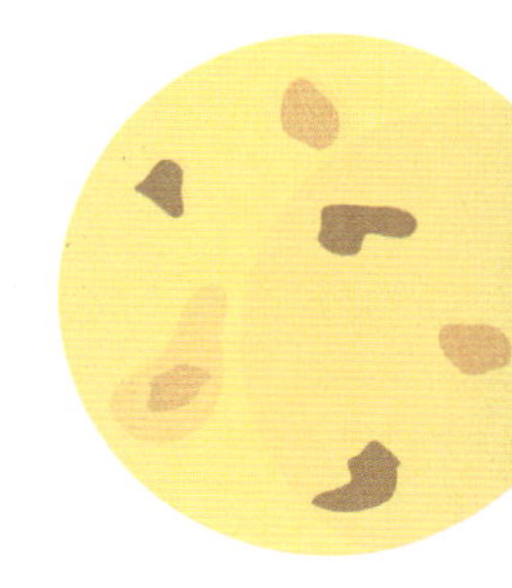

哈勃的研究将我们的眼界从银河系开拓到了河外星系。

他比较研究了大量的星系，将它们进行归类，并总结出演化规律。

星系有的像椭圆形的橄榄球，有的伸出旋臂像旋涡一样旋转，有的像透镜，有的呈现没有规则的形状。银河系的螺旋中心有一个“短棒”，是一种棒旋星系，分类为 SBb。

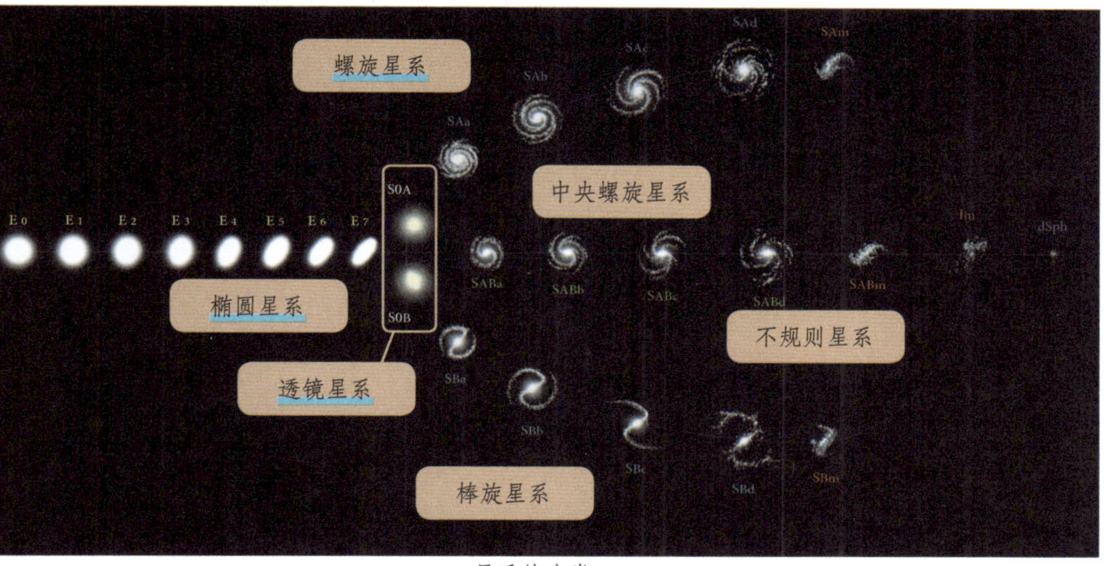

星系的分类

（版权：Antonio Ciccolella/M.De Leo，Creative Commons license）

仙女座星系（M31）是距离银河系比较近的一个星系。它们（仙女座星系和银河系）与另外 50 多个星系组成了本星系群，覆盖直径约一千万光年的范围，而银河系的直径只有约 10 万光年。

银河系、仙女座星系和三角座星系（M33）是这个本星系群中的“三巨头”。

你知道吗？

我们的银河系除了在旋转之外，还以 600 千米/秒（2.16×10^6 千米/小时）的速度在这个本星系群中飞行！

飞行中，坐稳咯！

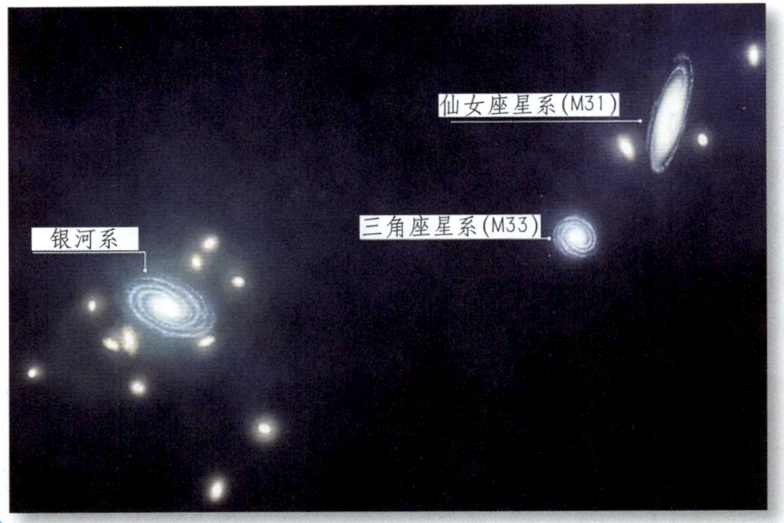

本星系群『三巨头』：仙女座星系、银河系和三角座星系（版权：Ezzy Pearson）

起名的趣闻

18 世纪，一位名叫梅西耶的法国天文学爱好者，热心寻找彗星，虽一无所获，却发现了很多像彗星的云雾状星体，一共记录下来了 103 个，并进行了编号，M1 ～ M103（后来的科学家补充到了 M110），“M”是梅西耶名字的缩写字母。他原本只是为了给其他天文观测者提供“彗星避坑指南”，却无意中发现了新的天体。

这些云雾状的星体后来被命名为星云。由于早期望远镜分辨率不够高，银河系外的星系及一些星团看起来也是呈云雾状，也被记录在内。所以，M1 ～ M110 中既有真正的星云，也有星系和星团。

他列表中的第一号 M1 星云，处于金牛座，在牛的一只尖角上，距离地球约 6500 光年。后来有天文学家看它像一只螃蟹，就称它为蟹状星云。

金牛座中的 M45 是昴星团，用大型望远镜观察，里面有 280 多颗星。

仙女座星系当时也被认作星云，编号为 M31。

从太阳系到银河系，再到本星系群，就像俄罗斯套娃一样。而在本星系群之外还有一个更大的“套娃”！它是什么呢？

◎室女座超星系团

本星系群之外的更大的“套娃”，就是室女座超星系团，其中包含了4.7万个星系，直径为1.1亿光年。这个超星系群里，如果在距离我们6500万光年的星系里有一个外星人此刻正在观察地球，那么他们看到的可不是我们，而是恐龙！

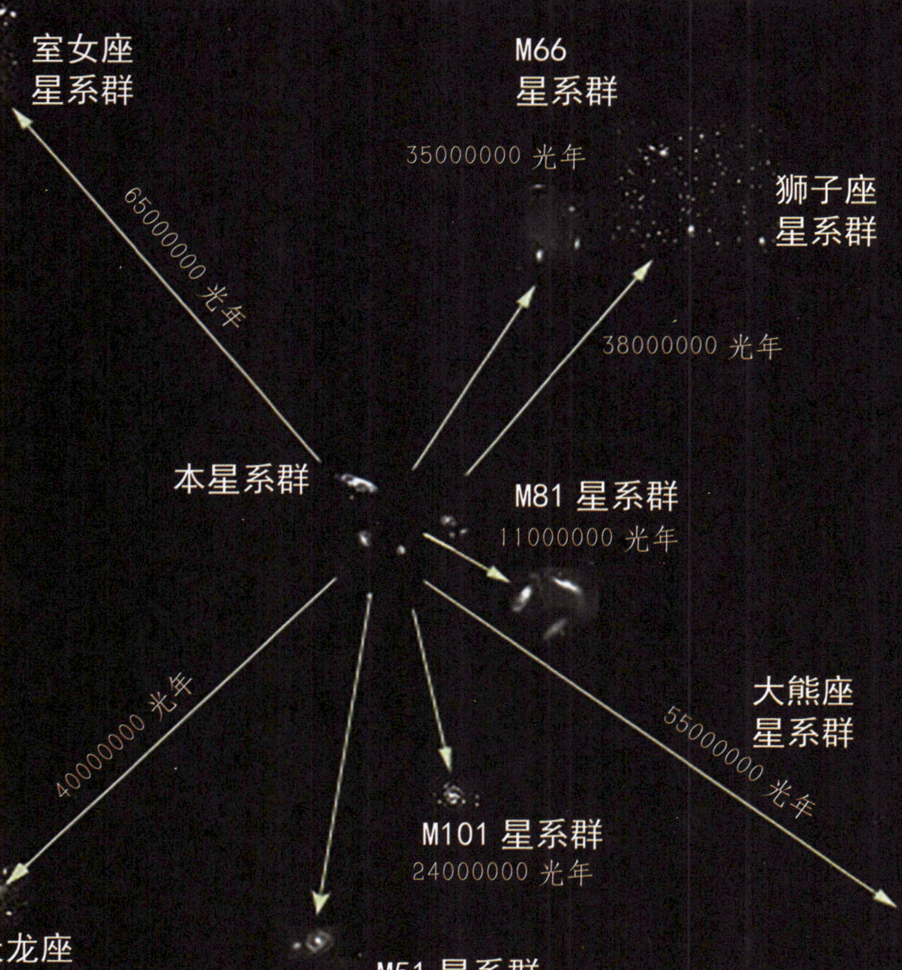

室女座超星系团　（版权：NASA）

发现一颗宜居星球

呃，暂时不清楚……

都是一些长相怪异的巨大生物……

再看这个室女座超星系团，在可观测宇宙中，犹如沧海一粟！

可观测宇宙

室女座超星系团在可观测宇宙中的位置

（版权：GNU Free Documentation License，Andrew Z. Colvin）

等比例缩小

如果把可观测宇宙缩小到太阳系大小（到海王星的范围），此时的月球将会和甲肝病毒差不多大小，直径差不多 30 纳米！

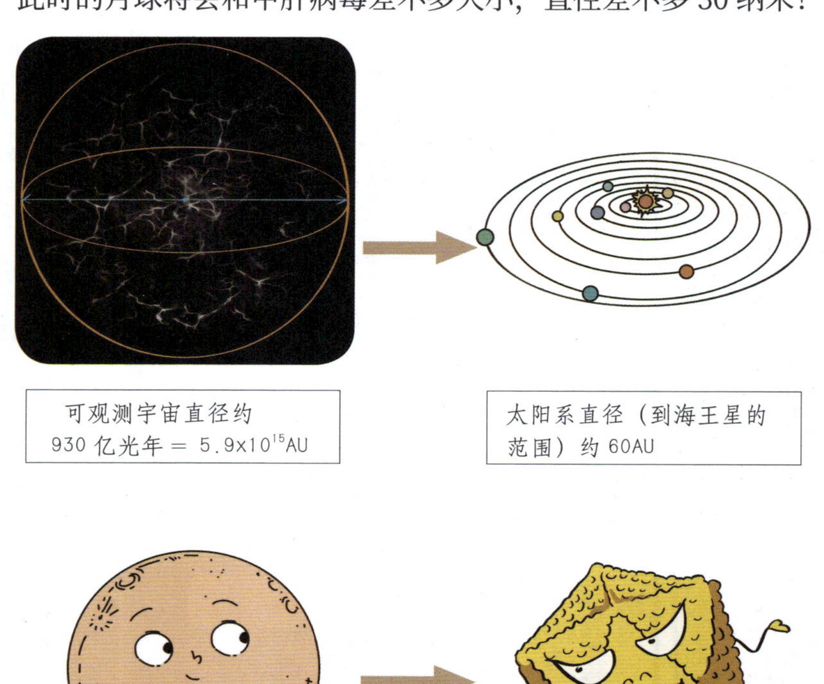

可观测宇宙直径约 930 亿光年 = 5.9×10^{15}AU

太阳系直径（到海王星的范围）约 60AU

月球直径 3475 千米

甲肝病毒直径约 30 纳米

一沙一世界，

一花一天堂。

无限掌中置，

刹那成永恒。

——英国诗人威廉 · 布莱克

（徐志摩 译）

4 星系碰撞的时态

银河系已经很大了，仙女座星系离我们更遥远。你会不会觉得它和我们更没有关联了？

◎桃园三结义？

天文学家在研究了本星系群“三巨头”的距离和飞行速度后有了惊人发现：仙女座星系和银河系相距约 250 万光年，两个星系因为引力相互吸引，正在以约每小时 40 万千米的速度靠近，将会在 40 亿年后撞在一起！

而三角座星系也会来凑热闹，到达银河、仙女相会的路径上。这是“桃园三结义”的节奏吗？

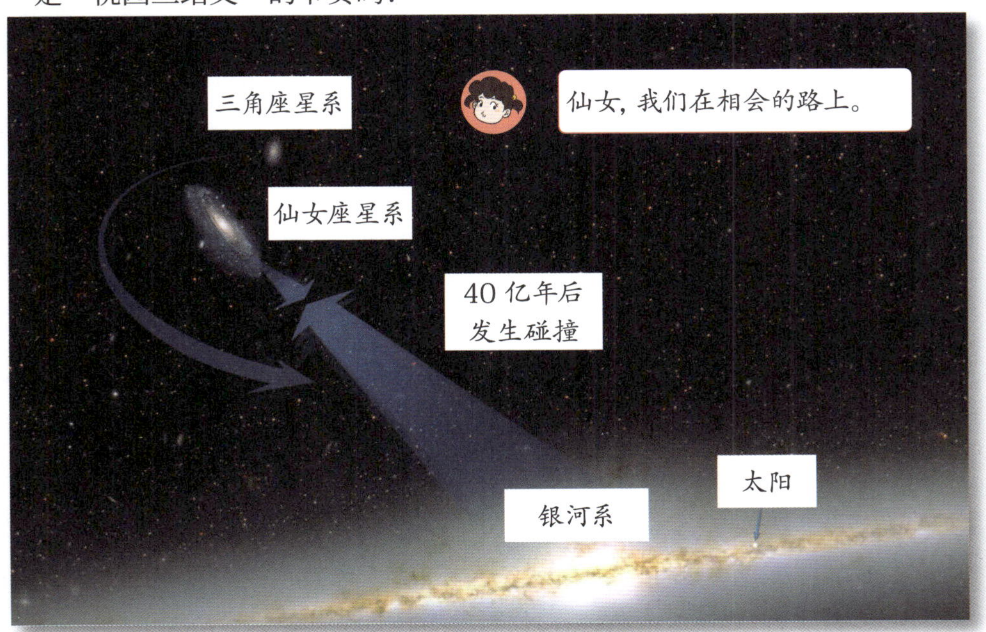

科学家预测的“三巨头”相撞（版权：NASA）

◎都是撞出来的？

有的科学家认为，实际上的撞击已经开始了，只是我们感觉不到。仙女之心和银河之心的撞击会是怎样的“壮烈”？大家不要把这个撞击想象成车祸，“嘭”的一声就发生了。整个碰撞是一个历时亿万年的缓慢过程，星系内部空间足够大，相撞的过程是引力相互作用的过程——有星云的合并，有恒星的诞生，当然也有恒星迎面相撞的。有人甚至已经给碰撞后合并产生的新星系取了名字：银女星系。

判断的依据是什么？

科学家判断这三次交会时间的依据是什么？依据就是银河系在这三个时间点上有大量恒星诞生。

星系的碰撞是过去时，是进行时，是将来时。

还有科学家经过模型分析，认为我们太阳系的诞生就是银河系的卫星星系——人马座矮椭球星系和银河系撞击的结果。

人马座矮椭球星系直径大约 1 万光年，距离地球大约 7 万光年。它绕着银心运行，轨道半径 5 万光年，和银河平面垂直相交，交会时穿越而过。

它们已经交会至少 10 次了。科学家模拟了其中 3 次的碰撞过程。

第一次碰撞：57 亿年前

第二次碰撞：19 亿年前

第三次碰撞：10 亿年前

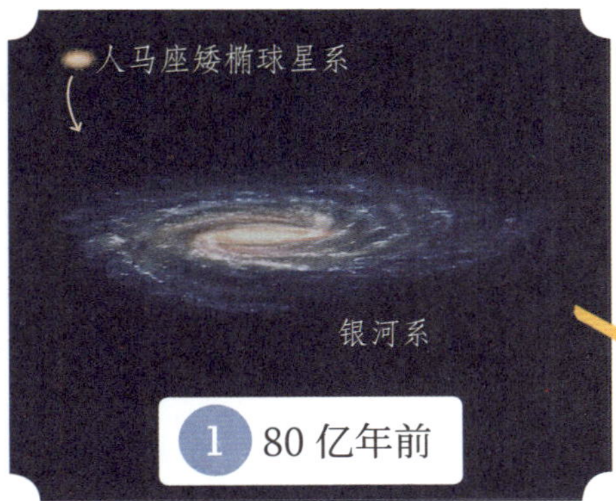

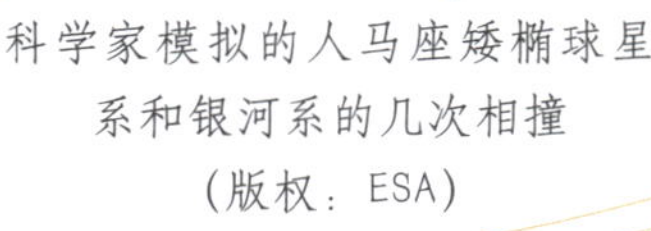
科学家模拟的人马座矮椭球星系和银河系的几次相撞（版权：ESA）

篇尾语

科学家除了研究行星的宜居地带，还在研究什么样的星系，以及星系的什么位置比较适合诞生生命。

这是个崭新的领域，也具有很多争议。

大部分科学家认为，如果距离银心太近，就会暴露在银心黑洞放射的 X 射线和 γ 射线（这些射线携带的能量可以杀死细胞）的辐射之下，复杂生命难以生存，当然，简单生命，比如细菌等微生物的生存能力还是很强的；如果距离银心太远，恒星的金属含量很少，没办法形成岩石结构的类地行星。

幸运的是，我们太阳系处于一个不远不近、刚刚好的位置：距离银心的黑洞 25800 光年，距离最近的恒星 4 光年，所以不受这些天体的影响。而且，正好有足够的重元素来形成岩石结构。

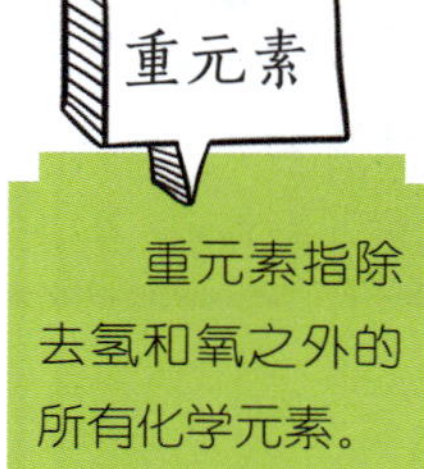

（作者：Scott Miao，2022 年 6 月 24 日）

这张银河的照片拍摄于美国怀俄明山区。你能找到银心的位置吗？（观星台的右上方。）

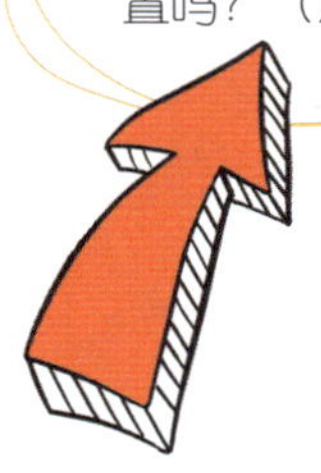

海上云的诗

心系星系

是左旋，还是右旋，
只是因为星云里最初的一道光。
是舒还是卷，是急旋还是慢旋，
只是不同时段的命程。

交会时的炫目，
有幻灭，也有重生。
远处的银心，如何承受光芒不能逃脱之重？
而眼前的人间，又有几番明月可共？

从一朵花中开出的世界，
是哪一双放空的手让温暖的光远逝？
是哪一声熟悉的呼唤，让蓝色的心情归来？
请告诉我，你深陷在哪一个漩涡，
我便朝那个方向凝望。

师生一刻

如果你有一个机会可以避免一件事件发生，你会选择避免哪一件？
1. 仙女座星系和银河系撞击
2. 小行星撞击地球
3. 小明被石头绊一跤、磕掉一颗牙

我选小明！

08

宇宙篇

大爆炸的证据

宇宙是大爆炸产生的？让我们一起走近哈勃的研究。不过在此之前，我们还需要了解一下多普勒效应。

◎多普勒效应和哈勃定律

你有没有留意过火车和警车鸣笛的声音？当它们朝你飞驰而来的时候，有没有感觉声调变高，离你而去的时候声调降低？

这个物理现象叫作多普勒效应，它不仅仅适用于声音，也适用于光。比如一颗恒星，飞离观测者的时候，光谱向低频的红色光偏移，所以这种现象叫“红移”。类似地，一颗向观测者靠近的恒星，它的光向高频的蓝色光偏移，称为“蓝移”。

还记得之前提到的天文学家哈勃吗？他在研究星系的时候发现了一个很奇怪的现象：绝大部分星系存在红移现象，都在远离我们而去，而且距离我们越远的星系，颜色越红，飞离的速度越快。由此可见，不管你往哪个方向看，宇宙似乎都在不断膨胀！

红移的“红”是频率降低的动态现象，与星体本身的颜色无关，千万别搞混了。还记得星体颜色是如何产生的吗？

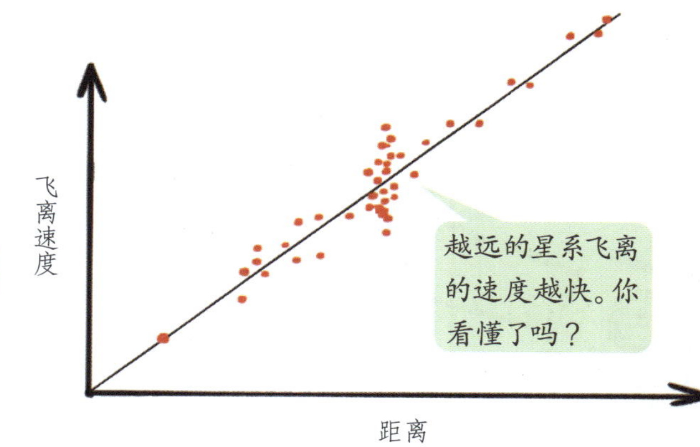

它们的飞离

室女座距离我们约6200万光年，飞离我们的速度是1200千米／秒；大熊座距离我们10亿光年，飞离我们的速度是15000米／秒。

光谱

光谱是单色光按照波长或频率依次排列的图案。其中，可见光是人的视觉可以捕捉到的光，频率从低到高为红、橙、黄、绿、蓝、靛、紫。

◎宇宙的起源

星系的红移，似乎意味着在早先的时候，星体相互之间其实是更加靠近的，甚至可以说在某一时刻，它们刚好在同一地方。所以哈勃的发现暗示着一个叫作“大爆炸”的时刻，当时宇宙处于一个密度无限的奇点。而且根据距离和速度这两个值，可以很容易算出奇点处于很久以前的哪一个时刻。这也就是宇宙的年龄！

宇宙大爆炸的奇点与黑洞中心奇点是一样的吗？探索一下吧！

涟漪与奇点

当你看到水面上一个很大的涟漪，它在不断地扩大时，你一定会猜想它来自一个更小的涟漪。根据涟漪的大小、运动速度和方位，你可能会找到涟漪的起源，是一根轻柔的柳枝，是跳出水面的鲤鱼，还是顽皮的小孩扔的石块。

◎有力证据

一天，美国科学家彭齐亚斯和威尔逊在实验室值班，发现巨大天线里传出一种无法消除的噪声，起初他们以为是落在天线上的鸟粪引起了这种嗞嗞声，但清理了之后仍有噪声。于是，他们改进了收听装置，捕捉到这噪声，绘制出支持宇宙大爆炸理论的最后一张拼图——微波背景辐射，它们在各个方向上均匀分布。

这是在地球上接收到的来自各个方向上的微波背景辐射，它们均匀分布在整个宇宙，不同颜色只有 0.0001° 的温度差别。

支持大爆炸理论的证据之一：微波背景辐射

你知道吗？

彭齐亚斯和威尔逊的发现是科学史上很著名的“捡漏”，虽然是“偶尔”得之，但两人也因此获得了 1978 年的诺贝尔物理学奖。

◎宇宙的年龄

目前为科学界所普遍接受的宇宙起源理论认为，宇宙诞生于距今约 138 亿年前的一次“大爆炸”。宇宙微波背景辐射被认为是“大爆炸”的“余烬”，均匀地分布于整个宇宙空间。“大爆炸”之后的宇宙温度极高，之后 30 多万年里，随着宇宙膨胀，温度逐渐降低，宇宙微波背景辐射正是在此期间产生的。

宇宙微波背景辐射是我们宇宙中最古老的光，当宇宙刚刚 38 万岁时，就被刻在天空上。

科学家还发现，宇宙膨胀的速度比光速还快，也正因如此，等到发光星体的光从 138 亿光年外的地方来到地球时，这个星体早已到达 465 亿光年外的遥远地方，465 亿光年也就成了目前公认的可观测宇宙的边界和半径。于是，宇宙的年龄是 138 亿岁，而可观测宇宙的直径是 930 亿光年。

海老师，这个可观测宇宙的圆心在哪里？

既然是观测，那圆心肯定是我们地球咯。

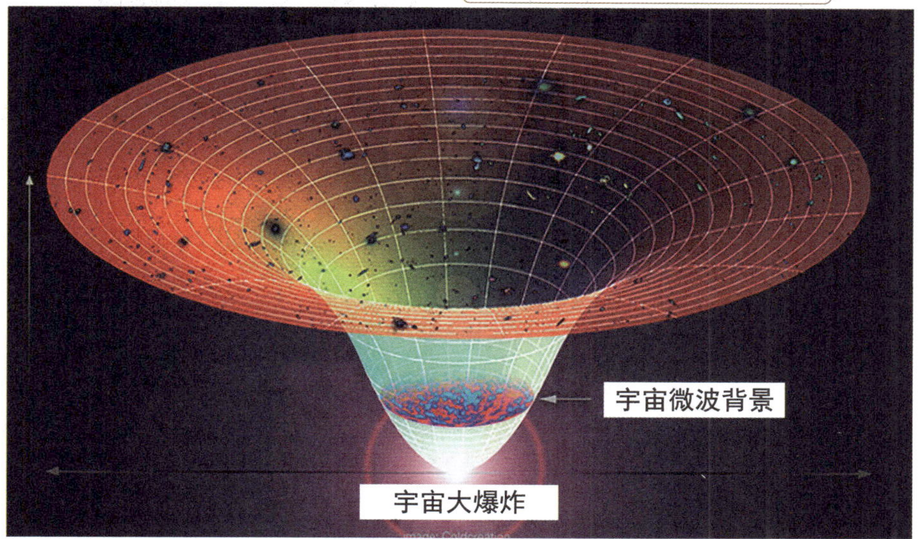

宇宙中还有太多的未知期待解答：

在可观测宇宙的外面是什么？

在大爆炸之前又是什么？

又是什么造成了大爆炸？

动动脑筋，从前文中找出它们的年龄，填入括号内。

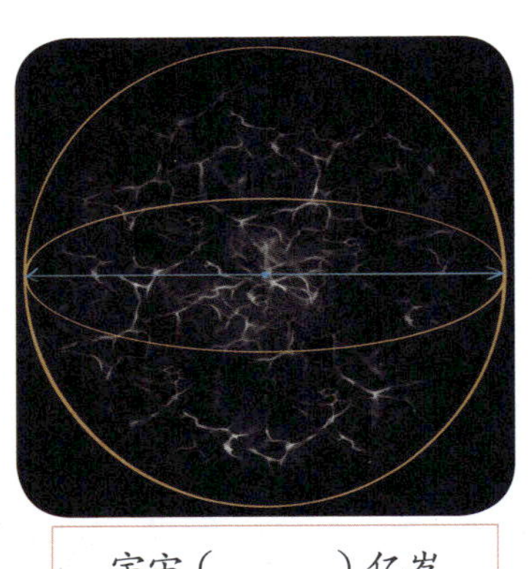

宇宙（　　　）亿岁

银河系（　　　）亿岁

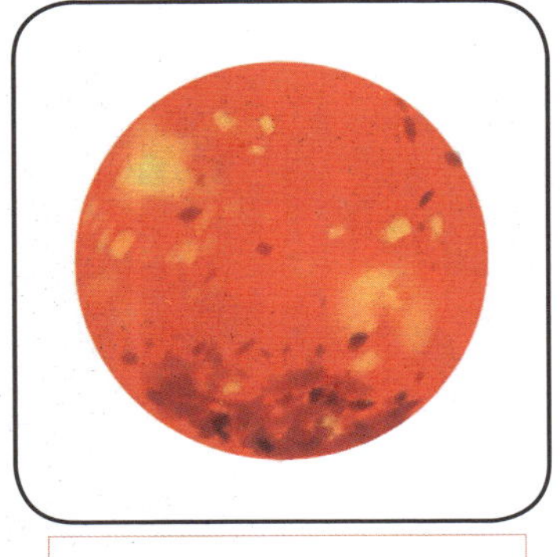

太阳（　　　）亿岁

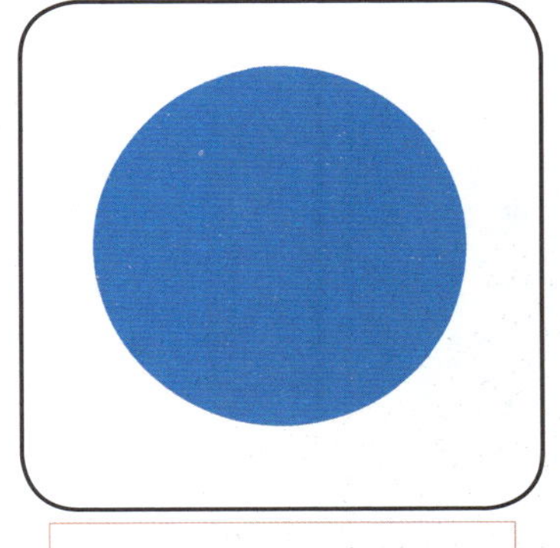

地球（　　　）亿岁

2 暗黑的 95%

我们从太阳系讲到银河系，再讲到可观测宇宙，似乎已经涉及了宇宙中的一切，万物囊入其中。而实际情况并非如此。我们可以直接观测到的只是宇宙“明”的部分，其实它还存在很多无法察觉的“暗”的神秘部分，如同北冰洋漂浮的冰山，露在水面上的只是冰山的一小部分，它的大部分是在水下。

◎引力透镜

爱因斯坦的广义相对论提出：一个质量很大的天体会造成光线弯曲。

我们观察遥远的星体（包括星系）A，中间如果有很大的天体 B 存在，从这个被观察的星体 A 发出的光经过 B 时，光线会发生弯曲。我们会从天文望远镜中看到，天幕上有多个 A 的变形影像，它们围绕着天体 B。又因为天幕中呈现出的效果很像通过透镜看物体，所以人们称这种现象为引力透镜。

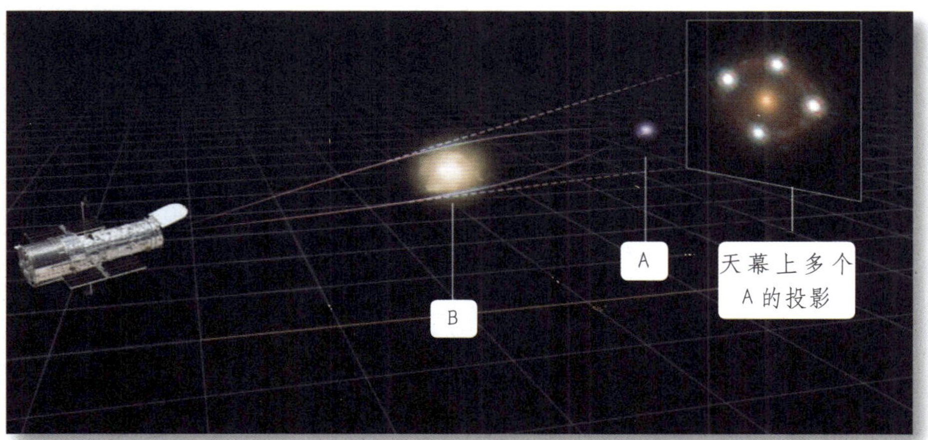

引力透镜原理图（版权：Martin Millon, Hubble Space Telescope/NASA）

看到的影像甚至能围成一个圈，中心处就是让光弯曲的星体。

这张照片中，弧形光圈的中心处并没有明显的大型星体，这又是怎么回事呢？

哈勃望远镜拍摄的引力透镜现象（公开图）

在这种情况下，是什么造成了引力透镜呢？

◎看不见的神秘者

神秘者 1 号

天文学家将天幕的投影处理成真实图片后，进行观察和研究，发现有的时候在引力透镜的中央看不到任何天体或星系。既然没有巨大天体，那是什么让光拐弯了呢？

天文学家提出了暗物质的概念。它不与电磁力产生作用，不会吸收、反射或发出光，所以我们根本看不到摸不着，但是它有引力，我们可以通过它的引力产生的引力透镜效应，间接地探测到它的存在。

神秘者 2 号

科学家在研究大爆炸理论和对大量的星空进行观测之后，发现了一个很难解释的现象：按照宇宙内部常规物质和暗物质对于宇宙膨胀的贡献，宇宙的膨胀速度应该减缓，但是实际的测量结果却是膨胀在加速！是什么在对抗宇宙内部的引力，不断地将宇宙往外推，造成加速膨胀呢？

科学家认为，宇宙中除了我们能看得见的常规物质、看不见的暗物质之外，还有一种更为神秘的暗能量。正是这暗能量在“猛踩油门”加速宇宙膨胀！

宇宙的组成？

根据宇宙中常规物质的密度、膨胀的速度和加速度，科学家估算出宇宙的组成中，暗能量约占68%，暗物质约占27%，而我们平时能看到的各种物质，行星、恒星、星系统统加起来，还不到5%！

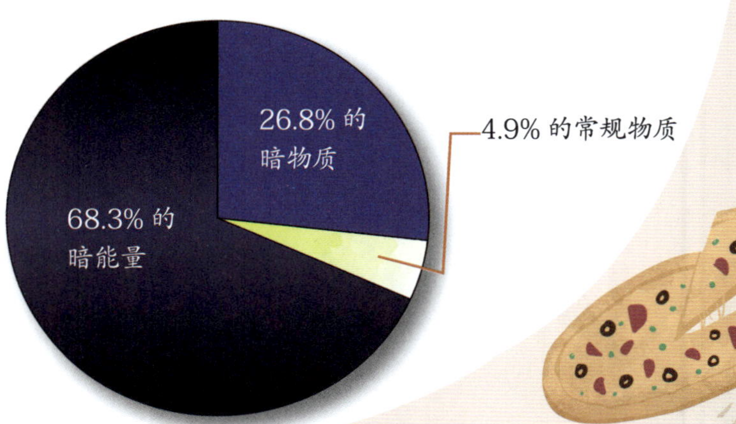

嗷，不！我们讨论到现在，竟然只是这么小的比萨一角！

◎暗黑的不同

黑洞、暗物质、暗能量，这些“暗黑”的东西到底有什么不一样呢？

黑洞

黑洞是某些大恒星死亡之后形成的超高密度天体，光线都无法逃脱，人进入黑洞会被撕裂。

暗物质

暗物质不是常规物质，我们看不到它，只是根据引力透镜等现象推测它的存在。它由什么组成，有什么特性？我们都不知道。它很可能就在我们身边、穿过我们的身体，而我们浑然不觉。

暗能量

暗能量是最神秘的。我们只是根据宇宙的加速膨胀现象，推测有一种能量将宇宙往外推，和常规物质、暗物质的引力作用方向正相反。除此之外，我们对它知道得极少。有科学家推测可能太阳内部也存在着暗能量！

我对于宇宙中暗能量、暗物质占这么大比例还是有疑问的。这些暗黑物质能量对于引力和速度的贡献，不一定与常规物质一样。有没有可能以一敌十、以一敌百？就像我们烹调某种“黑暗料理”，放一点点料就会影响整个口味？

宇宙中的拉锯战

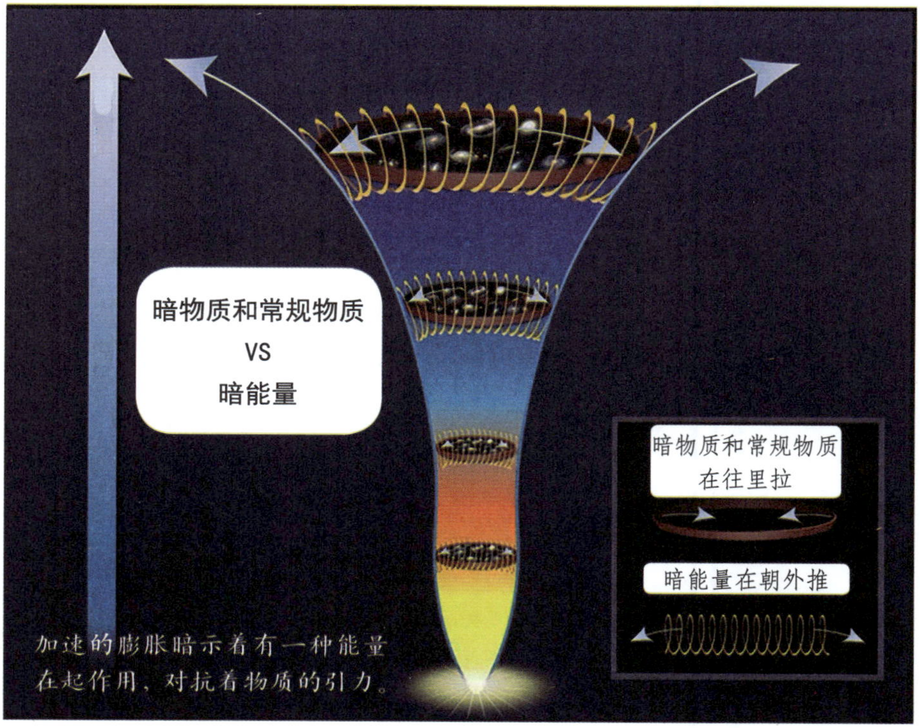

暗物质和常规物质

VS

暗能量

暗物质和常规物质在往里拉

暗能量在朝外推

加速的膨胀暗示着有一种能量在起作用，对抗着物质的引力。

“暗”之连环问

如果我们换位思考，暗物质、暗能量是不是也构成了一个“暗”世界？

这个“暗”世界可能有智能的“暗生命”存在吗？

“暗生命”能看到我们的“明物质”吗？

明与暗之间的分界是光，常规物质、暗物质和暗能量之间的分界又是什么？光速吗？

如果能达到光速，我们是不是就能看清这些暗物质和暗能量？

暗物质、暗能量会不会是我们的宇宙和另一个宇宙之间的门户？

暗能量是 21 世纪物理学界面临的一大谜题。物理学对暗能量的探索才刚刚开始。你愿意一起来“揭开”暗能量的真相吗？

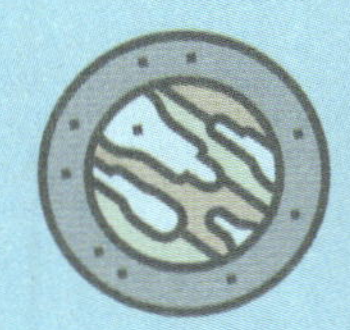

寻找另一个地球

当科学家把目光投向太空，寻找太阳系之外的行星时，挑战的难度陡然上升了。

这里有八颗行星哦！

◎行星“凌日”

行星比恒星小很多，而且本身不发光。在光年之外，它从母星那里“借”来的光微不可察。

既然不能直接观察，科学家就想出了间接的方法，比如采用凌日法。

当系外行星绕着母星（所在恒星系中的恒星）公转，只要它的轨道平面不垂直于我们到母星的视线，它就会周期性地转到母星前面来，“挡住”母星的光，这种现象叫“凌日”。

行星“凌日”时，通常只会造成万分之一，甚至百万分之一的光强变化。譬如，如果有外星人观察太阳系，他会发现水星“凌日”时，有十万分之一的光被“挡住”；地球“凌日”时，有不到万分之一的光被“挡住”；当木星“凌日”时，有百分之一的光被“挡住”。

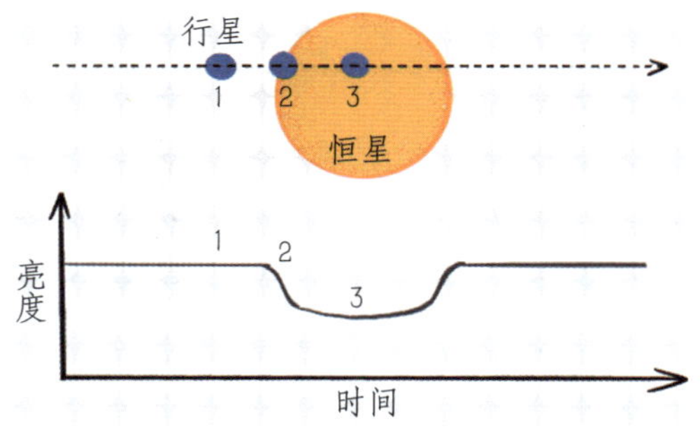

“凌日”时地面检测到的恒星光强随时间变化曲线

图中的系外行星和母星正对我们，虚线连线是行星的公转平面。如果系外行星不转到我们和它的母星之间，我们就观察不到它。

用凌日法可以估算行星和恒星的直径比例，以及行星的公转周期。

2009 年 3 月 6 日，世界上首个用于探测系外行星的太空望远镜——开普勒太空望远镜升空。它对天鹅座和天琴座中大约 10 万个恒星系统展开观测，通过观测行星的“凌日”现象搜寻系外行星和生命存在的迹象。

开普勒太空望远镜非常强大，据说通过它甚至可以看清小镇上的人在夜里关掉门廊的灯。

按照这眼力，上次我在怀俄明州拍摄银河时，关掉车灯，它如果在看，应该也看到了。

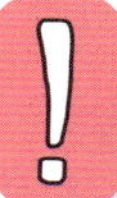

天琴座与天鹅座

天琴座是银河中非常亮的星座之一，在西方因形状犹如古希腊的竖琴而得名；而在中国它因形状像织布用的菱形梭子，被称为织女星。

天鹅座在天琴座附近，十字形状，形似天鹅的双翅和头尾。

用于探测系外行星的望远镜

第一代
开普勒望远镜

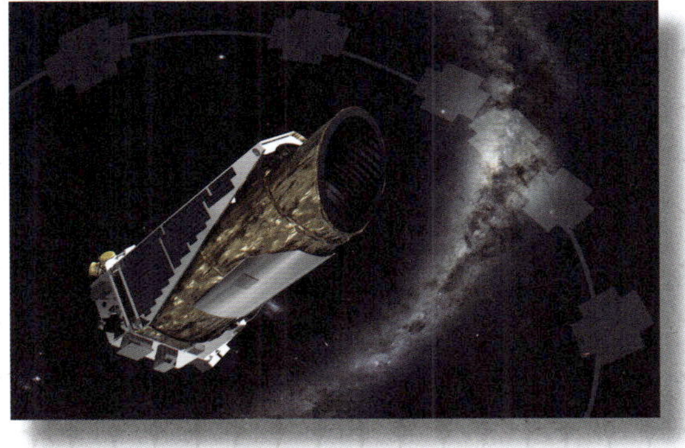

第二代
TESS 望远镜
（凌日系列行星巡天卫星）

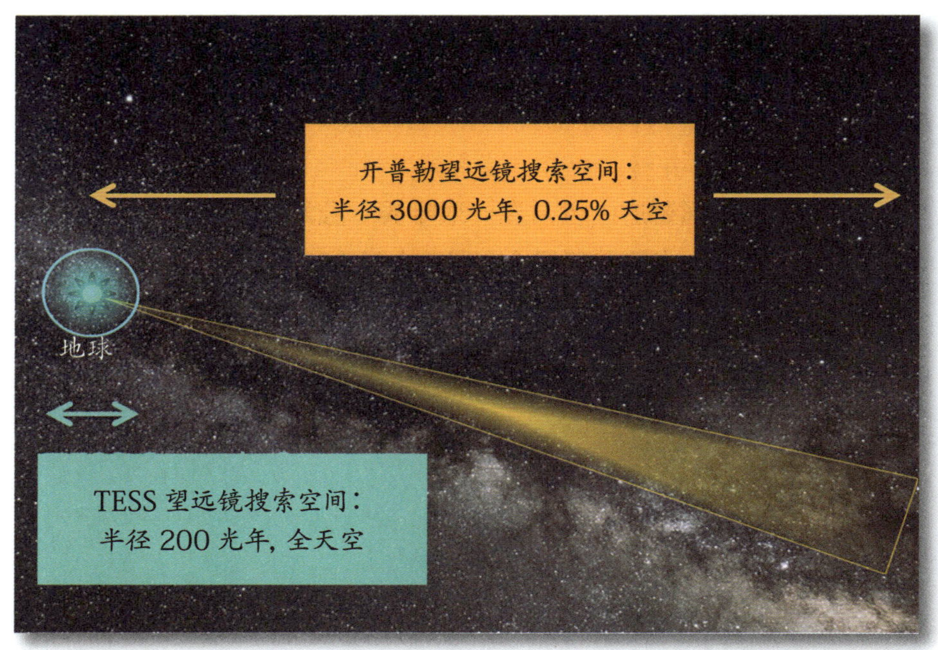

◎寻找类地行星

哈佛－史密松天体物理中心在 2013 年 1 月的一份报告中提到：银河系内至少有 170 亿颗与地球大小相仿的系外行星。

截至 2023 年 12 月，天文学家共发现并确认了 5500 颗系外行星。

天文学家用地球相似度指数（ESI），来评估行星或卫星与地球究竟相似到何种程度，考虑的因素包括星球大小、密度以及与母星的距离等。例如火星的地球相似指数为 0.64。

我们来看几颗地球相似指数最高的行星。

系外行星的命名

系外行星的命名是在母星名字后加上一个小写英文字母。在一个行星系统内发现的首个行星将加上 b，如飞马座 51b，而后面发现的则依次为飞马座 51c、飞马座 51d 等。不使用 a 的原因是 a 可能会被解释为母星本身。

请注意，下页表中的排名和数据会因为观测研究的深入而修改。

加入了艺术想象的系外行星图和地球的数据比较表

地球

Teegarden's b

质量：1.05 地球
半径：1.02 地球
温度：28℃
公转周期：4.9 天
距离：12 光年
星座：白羊座
ESI：0.95

TOI-700 d

质量：1.72 地球
半径：1.14 地球
温度：-4.3℃
公转周期：37.4 天
距离：101 光年
星座：剑鱼座
ESI：0.93

开普勒-1649 c

质量：1.20 地球
半径：1.06 地球
温度：-39℃
公转周期：19.5 天
距离：301 光年
星座：天鹅座
ESI：0.92

TRAPPIST-1 d

质量：0.39 地球
半径：0.78 地球
温度：13.1℃
公转周期：4.0 天
距离：40 光年
星座：水瓶座
ESI：0.91

比邻星 b

质量：1.27 地球
半径：1.08 地球
温度：-39℃
公转周期：11.2 天
距离：4.2 光年
星座：半人马座
ESI：0.87

TRAPPIST-1

宝瓶座里的恒星 TRAPPIST-1（见第 017 页），距离地球约 40 光年，半径只有太阳的 0.12，质量只有太阳的 0.089。它的七颗行星中的 TRAPPIST-1d 和地球相似指数为 0.91，也有人估算高达 0.95。

你知道吗？

TRAPPIST-1 七颗行星“凌日”时的光强变化：下降越多，表示行星半径越大；时间越长，表示速度越慢，距离母星越远。

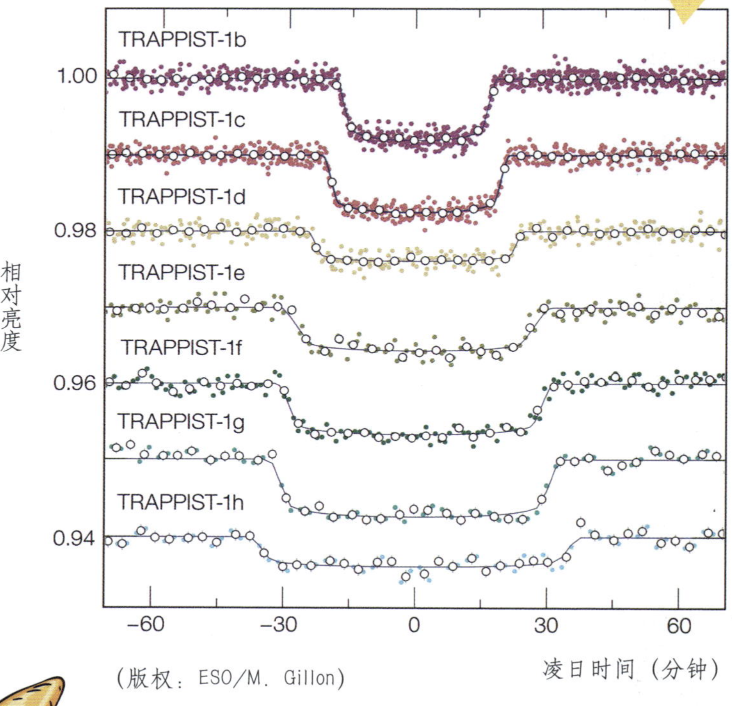

（版权：ESO/M. Gillon）

年少时的我，曾经因为口袋里有十几颗彩色玻璃弹珠而感觉富有，而如今的科学家收集了成千上万颗星球！

对系外行星感兴趣的读者，可以从专门存放系外行星的数据库了解更多详细的数据。

来挖掘一下吧，找找你最中意的一颗行星。

艺术家马丁·瓦尔吉奇（Martin Vargic）收集的系外行星艺术图

有空来坐坐吗

在一个恒星系中，行星的存在相当普遍。所以，不管是在银河系中，还是在其他遥远的星系中，一定都有很多类似地球的行星存在。

◎一个公式

德雷克公式

既然地球很“普通”，那么在上面诞生出我们这样的文明也是再平常不过的事了。

20 世纪 60 年代，美国天文学家法兰克·德雷克提出了一个公式——德雷克公式，用来推算银河系及可观测宇宙中，能与我们进行无线电通信的高等智能文明的数目。

- N 代表银河系内可能与我们通信的文明数量
- R_* 银河系形成恒星的平均速率
- f_p 恒星有行星的比例
- n_e 每个行星系中类地行星数目
- f_l 有生命进化可居住行星的比例
- f_i 演化出高智生命的概率
- f_c 高智生命能够进行通信的概率
- L 科技文明持续时间在行星生命周期中占的比例

◎三种观点

1 德雷克认为银河系可探测文明大约一万个。

2 美国著名的天文学家卡尔·萨根，直到 1996 年去世前仍然乐观地认为，银河系的地外文明有一百万个之多！他说过一句很有名的话：如果人类是这个宇宙中唯一的生命，这将是何等地浪费空间。

3 在德雷克提出他的著名公式之前，意大利物理学家费米在 20 世纪 50 年代就思考过："他们在哪儿？"如果银河系存在地外文明，为什么我们连飞船或者探测器之类的证据都看不到呢？这是关于地外文明的费米悖论。

三个人的观点似乎都有道理！

没错。不过，咱们地球生命可不是"随随便便"就能成功的！

和德雷克、萨根的乐观派不同，还有一种观点叫地球殊异论假说。它认为：地球上多细胞生物的形成并不是"随随便便就能成功"的，而是需要非同寻常的天体、地质事件，并和环境相结合。不一样的恒星系，不一样的行星，不一样的进化机遇，才形成了如今地球上的智能生命和文明。这一系列过程中，存在着一个"大过滤器"，使得其他星球上潜在的生命机会被过滤掉了。

我们可能真是最幸运的独一无二的存在！

三位科学家的观点

他们可能早就被过滤掉了！

要解释它们的相悖之处，关键还需要结合四维的时空来看。

宇宙中的地外智能生命不一定会有德雷克和卡尔·萨根估计的那么多，但是，还是可能存在的。

然而，宇宙太大，生命太短。

可能其他的文明出现过又灭绝了。这里面或许是因为外部环境变化（如宇宙灾变），或者是因为自我毁灭。

文明之间的距离太过遥远，没有超光速旅行工具，我们根本无法交流探访，目前能观测到的行星都只是在距离我们 3000 光年之内。

在地球约 46 亿年的历史中，我们发明无线电通信才刚刚 100 多年，最早发出的无线电波只走了区区 100 光年——你得有耐心！

所以，即使有地外文明存在，我们和他们隔着非常遥远的距离，活跃在不同的时间段上，想要相遇并问候一句："哦，原来你也在这里。"

这可是很难的。

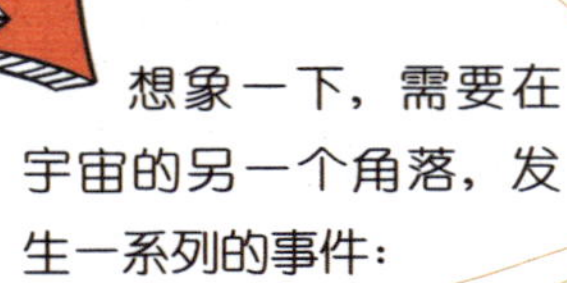

想象一下，需要在宇宙的另一个角落，发生一系列的事件：

正好的星系和位置，适当的行星系统，宜居的天文地理环境；

幸运的进化过程，从原核、真核、多细胞一直到智慧的生命出现；

有理智不自我毁灭；

在我们可以看到的距离内；

恰恰也在这个时间；

同样抬起好奇的眼睛；

寻找星空中的另一个幸运儿；

并发出邀请，有空来坐坐……

这个时间点不能太早，也不能太晚。

如果我们来得太早，它们可能还在单细胞状态。

如果我们来得太晚，它们可能已经绝尘而去。

或许冷漠，他们不屑于和不到一级的原始文明打交道——“太空牛仔很忙的，没空……”

或许残酷，如刘慈欣小说中描述的“黑暗森林法则”：一旦某个宇宙文明被发现，就必然遭到其他宇宙文明的打击。

或许，我们注定是寂寞……

或许寂寞终究会被打破。

篇尾语

在搜寻观测星系、恒星、行星的过程中，科学家还发现星际里存在有机分子。

怎么判断出遥远的星际存在有机分子呢？这是因为不同分子、原子的光谱不同，所以通过光谱分析，可以判断星际和行星大气层中的分子组成，其中存在有机分子。

既然有机分子在星际中存在，地球生命会不会是来自地球以外的太空呢？

有科学家认为，外星细菌可搭乘彗星或者流星穿过星系，从一个行星系统扩散至另一个行星系统。外层裹着冰，冰隔绝太空中的有害物质，生命是极有可能在星系中穿梭的。

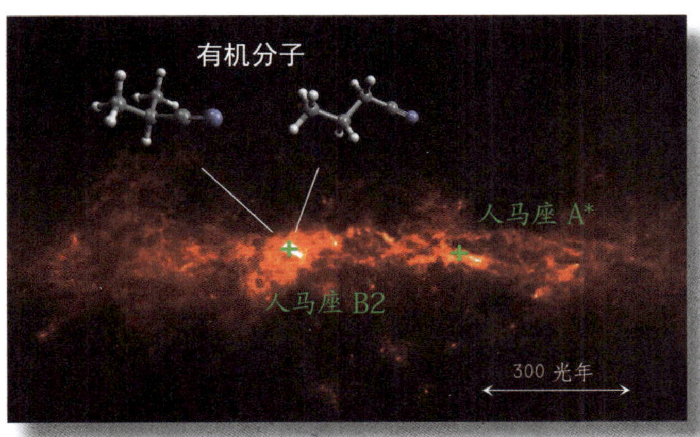

星际有机分子

(版权：MPIFR/A. WEISS，M. KOERBER)

海上云的诗

寻找外星人

先驱者飞入星际，
夜色微茫，我在黑暗中，
看不到浩瀚处的你，
或是暗物质里的匿迹。

星光中，每一个电波都是骑
马的信使，
手执星球的秘密，
来自遥远的过去；
而我把生命、元素和家园，
藏入密码，送向未来的寰宇。

德雷克留在身后的公式，
让平庸者有章可循。
文明的跨度竟如此
短如石火，
远隔天涯的涟漪，自赏孤芳
和殊异。

如果最终的相遇，
是彼此的使者“机器”，
它们该如何缅怀，
已经不在的我，
和从未谋面的你？

师生一刻

暗物质、暗能量通过各种现象给了我们很多的暗示，看到我们还不明白，它们可能正暗自着急呢！

就像这本书的作者一样？

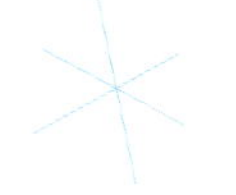

天文学是人类社会最古老的学科之一。从先民们发现日月的周期规律而制定最原始的历法开始，天文学就在人类文明中萌芽生根。

五千年前，人们把目光投向星空，在杂乱的繁星中让想象力飞翔，将星空分成各个区域和星座，并以神话故事的形式流传。

两千多年前，希腊天文学家阿利斯塔克根据观测和几何计算，提出了日心说。

16 世纪起，哥白尼、开普勒、伽利略、牛顿开创了经典天文学。人们开始接受日心说，寻找太阳系内行星的运动规律。在经典物理学的指导之下，天文学得到了蓬勃的发展。

到了 20 世纪，在相对论和量子力学颠覆经典物理学之后，人类掌握了更强大的理论武器，并发射探测器和望远镜进入太空。对于星空的认知，从太阳系扩大到银河系、河外星系和宇宙的深处。

2022 年 7 月 12 日，NASA 发布了韦伯空间望远镜拍摄的一系列全彩深空图像及其光谱数据，其中甚至有 131 亿年前的星系发出的光芒（见第 187 页）。据科学家推测，宇宙的诞生距今也仅约 138 亿年。这是人类目前看到的最远和最早的宇宙图案。

韦伯望远镜可折叠的六边形黄金镜面

（版权：NASA）

正如哈勃所说，天文学的历史是“地平线”不断退后的历史。我想说天文学的历史也是人类的“视力”越来越清楚、内心越来越寂寞的历史。

天文学是一门古老的科学，如今仍然是热门的前沿研究领域，不断有新的发现给我们带来惊喜。近年的诺贝尔物理学奖，2011 年授予了发现宇宙加速膨胀和提出暗能量的科学家，2017 年授予了研究引力波的科学家，2019 年颁给了系外行星和暗物质探索方面的科学家，2020 年则奖给了黑洞理论和探索方面的科学家。

此刻，我一杯热茶在手，打开网站，看着韦伯望远镜拍摄的照片。几千年科学的积累，让我们可以看到百亿光年的距离之外，看到百亿年之前……你也在看吗？

韦伯望远镜拍摄的 131 亿光年外星系的照片，圆弧状光线是暗物质的引力透镜造成的。

（版权：NASA）

而我，要再斟满一杯热茶，敬谢出版社的审阅老师仔细核对并校正书中的每一个天文数据。数据妥帖，宇宙安好。

海上云的诗

宇宙之思

最近的比邻星还在光年之外，
我们就开始寻求起源和终点。

从星空的漩涡里，看到银河的影子，
再跳出三界之外，找到自己的位置。
猎户的旋臂强劲无比，
足以擎起高昂的马头和熊罴。
粼粼的风车转动，一亿年太短，
二十一正是大好的华年。

在射电中凝视，神思。
创生柱上热浪飞扬，
炼出星云深处一颗闪亮的仙丹，
便是时光倒流中的初见。

无数年以后，
如果哈勃继续追溯虚空中的清明，
如果宇宙的常数确定它的真相，
后人能否看到，
宇宙边界之外，是另一个分身？
还是似曾相识的群燕，在蓝移中归来？

注：大反弹的宇宙观认为，目前膨胀中的宇宙，最终会收缩，而在此过程中离我们越来越近的星星会在频谱上蓝移（频率升高）。

中英文关键词

章－节－页	中文	英文
01-1-002	角动量	Angular Momentum
01-1-002	星云盘	Nebula Disk
01-1-004	较差自转	Differential Rotation
01-2-006	太阳黑子	Sun Spot
01-3-011	忒伊亚	Theia
01-4-017	潮汐锁定	Tidal Locking
02-1-024	水星	Mercury
02-1-024	行星	Planet
02-2-027	金星	Venus
02-2-029	位相变化	Phase Change
02-3-032	天文单位	Astronomical Unit
02-3-032	宜居带	Habitable Zone
02-3-033	红巨星	Red Giant Star
02-3-034	太阳风	Solar Wind
02-4-036	火星	Mars
02-4-036	逆行	Retrograde
02-4-039	外星环境地球化	Terraforming
03-1-046	木星	Jupiter
03-1-047	大红斑	Red Spot
03-1-050	拉格朗日点	Lagrangian Point
03-2-051	土星	Saturn
03-3-057	天王星	Uranus
03-4-059	海王星	Neptune

续 表

章－节－页	中文	英文
03–4–061	共振海王星外天体	Resonant Trans Neptunian Object
04–1–067	提丢斯－波得定则	Titius-Bode Law
04–1–068	谷神星	Ceres
04–1–068	智神星	Pallas
04–1–068	婚神星	Juno
04–1–068	灶神星	Vesta
04–1–069	小行星带	Asetroid Belt
04–2–073	冥王星	Pluto
04–2–074	阋神星	Eris
04–2–074	柯伊伯带	Kuiper Belt
04–2–074	外海王星天体	Trans-Neptunian Object
04–3–078	彗星	Comet
04–3–078	奥尔特云	Oort Cloud
04–4–081	流星雨	Meteor Shower
05–1–090	后期重轰炸期	Late Heavy Bombardment
05–1–090	尼斯模型	Nice Model
05–2–094	轨道平面	Orbital Plane
05–2–095	右手定则	Right-hand Rule
05–3–096	倾角	Obliquity
05–4–101	伽利略卫星	Galilean Moons
06–1–111	比邻星	Proxima Centauri
06–1–112	半人马座阿尔法星	Alpha Centauri
06–2–118	变星	Variable Star
06–2–120	脉冲星	Pulsar
06–3–124	红矮星	Red Dwarf
06–3–124	蓝巨星	Blue Giant
06–3–125	橙巨星	Orange Giant
06–3–125	蓝超巨星	Blue Supergiant

章–节–页	中文	英文
06–3–125	红超巨星	Red Supergiant
06–3–125	红特超巨星	Red Hypergiant
06–4–127	白矮星	White Dwarf
06–4–128	赫罗图	Hertzsprung–Russell Diagram, 简称 H–R Diagram
06–4–130	主序星	Main Sequence Star
06–4–130	超新星	Supernova
06–4–131	行星状星云	Planetary Nebula
07–1–136	旋臂	Arm
07–1–136	银河系	The Milky Way
07–1–136	猎户座	Orion
07–1–136	矩尺座	Norma
07–1–136	南十字座	Crux
07–1–136	人马座	Sagittarius
07–1–136	英仙座	Perseus
07–1–136	外部旋臂	Outer Arm
07–2–140	黑洞	Black Hole
07–2–140	奇点	Singularity
07–2–140	史瓦西半径	Schwarzschild Radius
07–2–140	事件视界	Event Horizon
07–2–141	吸积盘	Accretion Disk
07–2–141	喷流	Jet
07–2–142	人马座 A* 黑洞	Sagittarius A* Black Hole
07–2–144	意大利面化	Spaghettification
07–3–146	星系	Galaxy
07–3–146	仙女座	Andromeda
07–3–147	棒旋星系	Barred Spiral Galaxy
07–3–147	螺旋星系	Spiral Galaxy

章－节－页	中文	英文
07-3-147	椭圆星系	Elliptical Galaxy
07-3-147	透镜星系	Lenticular Galaxy
07-3-147	本星系群	Local Group of Galaxy
07-3-147	三角座	Triangulum
07-3-149	室女座超星系团	Virgo Supercluster
07-3-151	可观测宇宙	Observable Universe
07-4-154	银女星系	Milkomeda
07-4-154	卫星星系	Satellite Galaxy
08-1-160	多普勒效应	Doppler Effect
08-1-161	大爆炸	Big Bang
08-1-162	微波背景辐射	Cosmic Microwave Background，简称 CMB
08-2-165	引力透镜	Gravitational Lensing
08-2-167	暗物质	Dark Matter
08-2-168	暗能量	Dark Energy
08-3-172	凌日法	Transit Photometry
08-3-172	系外行星	Exoplanet
08-3-174	地球相似度指数	Earth Similarity Index
08-4-178	德雷克公式	Drake Equation
08-4-179	费米悖论	Fermi Paradox
08-4-179	地球殊异论假说	Rare Earth Hypothesis

专为儿童打造的有知识、有温度、有深度的多主题科普漫画。

理科启蒙　自然认知　动物科普　生物进化

动物狂想曲（全 3 册）

适读年龄：5+

动物糗事一线大爆料！
课本上学不到的 220 个动物生存智慧，可爱又逗趣，够看一整年。

自然狂想曲（全 3 册）

适读年龄：6+

贯穿古今，谈天说地，上知天文，下知地球生命。

进化狂想曲（全 2 册）

适读年龄：7+

达尔文翻开都会一口气读完的知识漫画。

数理化狂想曲（全 3 册）

适读年龄： 7+

中国国际动漫节最具创意大奖作品！
孩子的理科启蒙，读这三本书就够了。

图鉴系列（全 3 册）

适读年龄： 7+

奇妙的昆虫、可爱的猫狗、神秘的恐龙！
不一样的动物科普，一看就懂。

神奇动物有话说（盒装 · 全 10 册）

适读年龄： 3+

动物百科？过时了！现在流行听动物自己说！

有温度的科普，让学习更加轻松有趣！